ロボティクスシリーズ **10**

ロボットと解析力学

工学博士 **有本　卓**
博士（工学）**田原　健二** 共著

コロナ社

ロボティクスシリーズ編集委員会

編集委員長	有本　卓	（立命館大学）
幹　　　事	川村貞夫	（立命館大学）
編 集 委 員	石井　明	（立命館大学）
（五十音順）	手嶋教之	（立命館大学）
	渡部　透	（立命館大学）

（2009 年 1 月現在）

刊行のことば

　本シリーズは，1996 年，わが国の大学で初めてロボティクス学科が設立された機会に企画された。それからほぼ 10 年を経て，卒業生を順次社会に送り出し，博士課程の卒業生も輩出するに及んで，執筆予定の教員方からの脱稿が始まり，出版にこぎつけることとなった。

　この 10 年は，しかし，待つ必要があった。工学部の伝統的な学科群とは異なり，ロボティクス学科の設立は，当時，世界初の試みであった。教育は手探りで始まり，実験的であった。試行錯誤を繰り返して得た経験が必要だった。教える前に書いたテキストではなく，何回かの講義，テストによる理解度の確認，演習や実習，実験を通じて練り上げるプロセスが必要であった。各巻の講述内容にも改訂と洗練を加え，各章，各節の取捨選択も必要だった。ロボティクス教育は，電気工学や機械工学といった単独の科学技術体系を学ぶ伝統的な教育法と違い，二つの専門（T 型）を飛び越えて，電気電子工学，機械工学，計算機科学の三つの専門（π 型）にまたがって基礎を学ばせ，その上にロボティクスという物づくりを指向する工学技術を教授する必要があった。もっとたいへんなことに，2000 年紀を迎えると，パーソナル利用を指向する新しいさまざまなロボットが誕生するに及び，本来は人工知能が目指していた "人間の知性の機械による実現" がむしろロボティクスの直接の目標となった。そして，ロボティクス教育は単なる物づくりの科学技術から，知性の深い理解へと視野を広げつつ，新たな科学技術体系に向かう一歩を踏み出したのである。

　本シリーズは，しかし，新しいロボティクスを視野に入れつつも，ロボットを含めたもっと広いメカトロニクス技術の基礎教育コースに必要となる科目をそろえる当初の主旨は残した。三つの専門にまたがる π 型技術者を育てるとき，広くてもそれぞれが浅くなりがちである。しかし，各巻とも，ロボティクスに

ii　　刊 行 の こ と ば

直接的にかかわり始めた章や節では，技術深度が格段に増すことに学生諸君も，
そして読者諸兄も気づかれよう。恐らく，工学部の伝統的な電気工学，機械工
学の学生諸君や，情報理工学部の諸君にとっても，本シリーズによってそれぞ
れの科学技術体系がロボティクスに焦点を結ぶときの意味を知れば，工学の面
白さ，深さ，広がり，といった科学技術の醍醐味が体感できると思う。本シリー
ズによって幅の広いエンジニアになるための素養を獲得されんことを期待して
いる。

　2005 年 9 月

編集委員長　有本　　卓

ま　え　が　き

　本書の出版企画が検討されて以来，すでに 10 年以上が過ぎてしまった。共著者の一人は，その間，外国における共同研究期間が度重なり，ほかは定年退職を経た後の空白感に圧倒され，深い思考が及ばない期間を経て，やっと 2016 年の春から共同執筆がはじまった。ようやく全 9 章を脱稿したのは 2017 年 2 月の中頃である。

　執筆者の一人は，立命館大学のロボティクス学科で「解析力学」を担当した経験がある。そのとき，日本語のみならず英語のいくつかの関連の教科書，専門書を渉猟したが，例題にロボットを取り上げたものは見つからなかった。当時になっても，多自由度の剛体系を正面から取り扱う気配は見られなかった。そもそも，オイラー–ラグランジュの運動方程式の意義を工学分野に広げ，深めようとする観点や指向，もっと直接的にいえば，運動をいかにうまく制御するか，という観点が意識下に入っていなかったのであろう。

　本書の執筆時は，歴史的には，AI（人工知能）の研究と開発が絶頂期にあたるだろう。それは，ビッグデータのネットワーク表現と深層学習（deep learning）の賜物による。家庭にもロボットが登場しはじめたが，それらはコミュニケーションロボットであり，手を動かして日常作業を手助けしてくれるわけではない。ロボットの運動表現の言語はオイラー–ラグランジュの運動方程式に依拠するのが基本になる。運動方程式になんらかの制御入力を働かせる方式を通して，企図したロボット作業が遂行できるか，考えていくことが基本になる。そのための「深層学習」はどんな様式になるのであろうか。解析力学の新たな展開に則して学ばなければならないだろう。

　1 章から 8 章まで，多自由度力学系を意識して，解析力学の基礎を簡潔に著した。9 章ではリーマン幾何学の観点を解析力学に導入した。オイラーの方程

式の解（測地線）とラグランジュの方程式の解軌道を比較する方法論を新たに
展開した。そのために，ポアッソン括弧式がラグランジュ安定に果たす役割を
調べ，時定数に基づくロボット設計法を導いた。

　執筆は，1〜3章，7章を田原，4〜6章，8〜9章，付録を有本が担当した。

　最後に，本書の執筆に際して多大な激励をいただいたコロナ社編集部の方々
に感謝する。

2017 年 11 月

執筆者を代表して　有本　　卓

目　　　　次

1.　ニュートンの法則

1.1　座標系と位置ベクトル ……………………………………………　*1*

1.2　速度と加速度 ………………………………………………………　*2*

1.3　ニュートンの運動の法則 …………………………………………　*4*

章　末　問　題 ……………………………………………………………　*6*

2.　質点系の運動

2.1　質点の運動の軌跡 …………………………………………………　*7*

2.2　運動量保存則 ………………………………………………………　*9*

2.3　角運動量と角運動量保存則 ………………………………………　*10*

2.4　非慣性座標系での運動表現 ………………………………………　*16*

　　2.4.1　並進加速度を持つ場合 ……………………………………　*17*

　　2.4.2　回転運動を行う場合 ………………………………………　*18*

章　末　問　題 ……………………………………………………………　*21*

3.　剛体系の運動

3.1　剛体の自由度 ………………………………………………………　*22*

3.2　剛体の姿勢 …………………………………………………………　*23*

　　3.2.1　回　転　行　列 ……………………………………………　*23*

vi　目　　　　次

　　3.2.2　オイラー角による姿勢表現 ················· *25*

　　3.2.3　ロドリゲスの回転公式と等価角軸変換 ············ *28*

　　3.2.4　オイラーパラメータによる姿勢表現 ············· *29*

3.3　剛体の回転運動 ························· *30*

3.4　オイラーの運動方程式 ····················· *37*

章　末　問　題 ···························· *40*

4.　エネルギーと仕事量

4.1　仕事と仕事率 ·························· *41*

4.2　保存力とポテンシャル ····················· *43*

4.3　力学的エネルギー保存則 ···················· *46*

章　末　問　題 ···························· *47*

5.　一般化座標と仮想仕事の原理

5.1　一般化座標と自由度 ······················ *48*

5.2　仮想仕事の原理 ························· *52*

5.3　ダランベールの原理 ······················ *55*

5.4　変分法とオイラーの方程式 ··················· *59*

5.5　一般化力とラグランジュ乗数 ·················· *65*

章　末　問　題 ···························· *70*

6.　ラグランジュの運動方程式

6.1　ラグランジュの運動方程式 ··················· *71*

6.2　ハミルトンの原理 ······················· *78*

目　　　　次　　*vii*

6.3　エネルギー保存則 ··· *81*

6.4　ケプラーの法則 ··· *86*

6.5　ラグランジュの安定性 ··· *90*

6.6　変　分　原　理 ··· *95*

章　末　問　題 ·· *100*

7.　多関節構造体の運動方程式

7.1　同　次　変　換　行　列 ··· *101*

7.2　DH 記法による運動学表現 ··· *103*

7.3　ラグランジアンの導出 ··· *106*

7.4　2 自由度マニピュレータの運動方程式 ······························· *110*

章　末　問　題 ·· *117*

8.　ハミルトンの正準方程式

8.1　一般化運動量とハミルトニアン ······································ *118*

8.2　正準方程式と保存則 ·· *122*

8.3　ポアッソンの括弧式 ·· *127*

8.4　正　準　変　換 ·· *131*

8.5　ハミルトン–ヤコビの偏微分方程式 ··································· *136*

章　末　問　題 ·· *139*

9.　ロボット制御の基礎──解析力学とリーマン幾何学から──

9.1　一般化運動量とハミルトニアン ······································ *141*

9.2　多関節ロボットの運動制御 ··· *146*

viii 目　　　　次

9.3　ポアッソン括弧式に基づくリヤプノフ理論·······························*151*

9.4　リーマン計量とロボット制御系設計の基礎·····························*158*

9.5　ベルンシュタイン問題と冗長関節ロボットの制御·················*166*

9.6　ハミルトン–ヤコビ方程式の解と最適レギュレーション·············*173*

章　末　問　題··*178*

付　　　　　録···*179*

A.1　リヤプノフ安定論···*179*

A.2　モータのダイナミクスと減速比···*181*

A.3　δ と k の数量的関係···*182*

引用・参考文献···*184*

章末問題解答···*185*

索　　　　　引···*190*

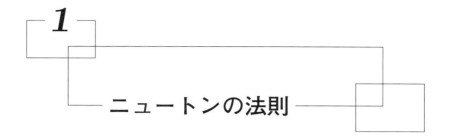

ニュートンの法則

　「解析力学」とは，名前の通り力学を扱っていることに間違いはないが，その中身はむしろ数学に近い。ニュートンにはじまる古典力学は，「運動量」と呼ばれるベクトル量の定義により，運動に必要な次元を持つ空間内で幾何的に展開され，直感的に理解しやすい。しかし，運動量なるベクトル量を基礎としているがゆえに，座標系に依存した運動の記述がなされるため，座標系が変われば運動の記述も変わってしまい，個々に対応する必要がある。一方，解析力学では，それら座標系に依存した表現を，数学的な手法を使うことによって座標系に依存しない一般論として記述することが可能となる。すなわち，解析力学は古典力学の知識を前提として，それを数学的に取り扱う学問であるといえる。これにより，適用可能範囲は古典力学のみに留まらない。しかし，当然ながら解析力学を学ぶうえで古典力学の知識は必須である。ここでは，ニュートン力学について簡単に復習し，その後の解析力学への導入とする。

1.1　座標系と位置ベクトル

　いま，ある右手直交座標系 $O\text{--}xyz$ を考えよう。座標系 $O\text{--}xyz$ において，任意の点 P の位置は位置ベクトル $\boldsymbol{r}$ を用いて以下のように表される。

$$\boldsymbol{r} = [x,\ y,\ z]^{\mathrm{T}} \in \mathbb{R}^3 \tag{1.1}$$

ここで右辺右上の記号 ^{T} は転置を表している。以後，本編では紙面の都合上，列ベクトルの標記は行ベクトルに転置記号を付けて表す。また，右辺最後の記

号 $\in \mathbb{R}^3$ は，位置ベクトル r が三次元実数空間に属することを意味している。式 (1.1) は，位置ベクトル r の**代数ベクトル**表現であり，x, y, z はその成分を表している。一方，O–xyz の各軸についての基本ベクトル（長さが 1 でたがいに直交するベクトル）を以下のようにとる。

$$e_x = [1,\ 0,\ 0]^\mathrm{T},\quad e_y = [0,\ 1,\ 0]^\mathrm{T},\quad e_z = [0,\ 0,\ 1]^\mathrm{T} \tag{1.2}$$

これら基本ベクトルを用いると，r は図 **1.1** に示すような**幾何ベクトル**として以下のように表すこともできる。

$$r = x e_x + y e_y + z e_z \tag{1.3}$$

また，位置ベクトル r の大きさ（長さ）は，ユークリッドノルムとして以下のように表される。

$$\|r\| = \sqrt{x^2 + y^2 + z^2} = \sqrt{r^\mathrm{T} r} \tag{1.4}$$

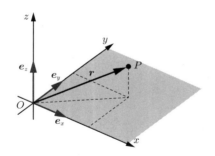

図 **1.1**　座標系 O–xyz の基本ベクトルと点 P の位置ベクトル r

1.2　速度と加速度

座標系 O–xyz において表される点 P の位置ベクトル r が，時間 t についての関数 $r(t)$ として表されているとする。ある時刻 t_0 から微小時間 Δt 経過した時刻 $t_0 + \Delta t$ の間に，点 P が点 P' へ移動して位置ベクトルが $r(t_0)$ から

$r(t_0 + \Delta t)$ に変化したとしよう．このとき，位置ベクトル r の微小な変位量を表すベクトル Δr は，以下のように表される．

$$\Delta r = r(t_0 + \Delta t) - r(t_0) \tag{1.5}$$

式 (1.5) より，その間の点 P の平均速度を表すベクトル v は，以下のように表される．

$$v = \frac{\Delta r}{\Delta t} \tag{1.6}$$

ここで式 (1.6) において微小時間 Δt を無限に小さくしていくと，以下のように表される．

$$v = \lim_{\Delta t \to 0} \frac{\Delta r}{\Delta t} = \frac{\mathrm{d}r}{\mathrm{d}t} = \dot{r} \tag{1.7}$$

式 (1.7) において，v をある瞬間（時刻 t）における質点の**速度**と呼び，位置の時間に関する変化率を表す．図 **1.2** に示すように，速度ベクトル v は位置ベクトルの移動経路の接線方向となる．

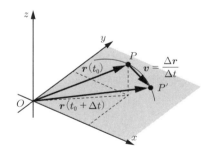

図 **1.2** 速度ベクトル v の幾何学的な意味

速度ベクトル v が時間 t についての関数 $v(t)$ として表される場合，位置の変化率と同様に，速度の変化率を以下のように求められる．

$$a = \frac{\mathrm{d}v}{\mathrm{d}t} = \frac{\mathrm{d}^2 r}{\mathrm{d}t^2} = \dot{v} = \ddot{r} \tag{1.8}$$

ここで a をある瞬間（時刻 t）における質点の**加速度**と呼び，速度の時間に関する変化率を表す．

4   1. ニュートンの法則

式 (1.3) において，位置ベクトルは三次元デカルト座標系において幾何ベクトルとして表されることを示したが，位置ベクトルと同様に，速度ベクトル，加速度ベクトルも幾何ベクトルとして以下のように表すことができる。

$$v = \dot{x}e_x + \dot{y}e_y + \dot{z}e_z \tag{1.9}$$

$$a = \ddot{x}e_x + \ddot{y}e_y + \ddot{z}e_z \tag{1.10}$$

また，それぞれの大きさも位置ベクトルと同様にユークリッドノルムとして以下のように表される。

$$\|v\| = \sqrt{\dot{x}^2 + \dot{y}^2 + \dot{z}^2} = \sqrt{v^T v} \tag{1.11}$$

$$\|a\| = \sqrt{\ddot{x}^2 + \ddot{y}^2 + \ddot{z}^2} = \sqrt{a^T a} \tag{1.12}$$

1.3 ニュートンの運動の法則

ニュートンは，ある質量を持った物体がある運動状態にあるとき，その運動は以下に示す三つの法則に従うことを発見し，それらを著書『Philosophiare Naturalis Principia Mathematica』に記した。

- **第一法則**（慣性の法則）

  すべての物体は，力による作用を受けない限り，静止状態もしくは等速直線運動を維持する。

- **第二法則**（運動の法則）

  物体の運動量の変化は，その物体に働く力に比例し，その力と同じ向きに生じる。

- **第三法則**（作用・反作用の法則）

  物体が別の物体に力を及ぼすとき，別の物体は必ず物体に対して大きさが同じで逆向きの力を及ぼす。

上記三つの運動に関するニュートンの法則は，以後の質点や剛体の運動を記述するうえで大前提となる。すなわち，古典力学の出発点である。

1.3 ニュートンの運動の法則　　5

　第一法則は，**慣性の法則**ともいわれ，物体が運動状態を維持し続けようとする性質を**慣性**として定義している。また，第一法則が成立する座標系を**慣性座標系**や**デカルト座標系（カーテシアン座標系）**と呼ぶ。一方，第一法則が成立しない座標系を**非慣性系**という。第二・第三法則は，第一法則の成立を前提としている。

　第二法則は，**運動の法則**といわれる。この法則では，まず物体の運動を規定する量として**運動量**を定義する。運動量とは，「方向」と「大きさ」の両方を持つベクトル量であり，ある物体の質量を m，速度を $\boldsymbol{v}$ とすると，その物体が持つ運動量 $\boldsymbol{p}$ は以下のように定義される。

$$\boldsymbol{p} = m\boldsymbol{v} \tag{1.13}$$

式 (1.7) を式 (1.13) に代入すると，運動量 $\boldsymbol{p}$ は

$$\boldsymbol{p} = m\frac{\mathrm{d}\boldsymbol{r}}{\mathrm{d}t} = m\dot{\boldsymbol{r}} \tag{1.14}$$

として表される。

　ここで質量 m は時間変化せずに一定であるとすると，ある瞬間における運動量の変化量 $\dot{\boldsymbol{p}}$ は，運動量 $\boldsymbol{p}$ を時間 t で微分することにより，以下のように表される。

$$\dot{\boldsymbol{p}} = \frac{\mathrm{d}\boldsymbol{p}}{\mathrm{d}t} = m\frac{\mathrm{d}^2\boldsymbol{r}}{\mathrm{d}t^2} = m\ddot{\boldsymbol{r}} \tag{1.15}$$

　いま，質量 m の物体に働く力を $\boldsymbol{F} \in \mathbb{R}^3$ としよう。力 $\boldsymbol{F}$ も，位置ベクトル $\boldsymbol{r}$ や速度ベクトル $\boldsymbol{v}$ と同様に方向と大きさを持つベクトル量である。$\boldsymbol{F}$ および式 (1.15) より，ニュートンの第二法則は以下のように表される。

$$\boldsymbol{F} = \dot{\boldsymbol{p}} = m\ddot{\boldsymbol{r}} \tag{1.16}$$

すなわち第二法則は，物体に作用した力 $\boldsymbol{F}$ は，その物体の運動量の変化量 $\dot{\boldsymbol{p}}$，すなわち物体の質量 m と加速度 $\ddot{\boldsymbol{r}}$ を掛けた値と等しいことを表しており，式 (1.16) を**ニュートンの運動方程式**と呼ぶ。

第三法則は，**作用・反作用の法則**として知られており，物体間の力の相互作用を示している。図 **1.3** に示すように，人が手で壁を力 $\boldsymbol{F}_{ab}$ で押している場合，壁が動かないとすると，力が釣り合っている状態であるから，人は壁から力 $\boldsymbol{F}_{ab}$ と同じ大きさで向きが逆の力 $\boldsymbol{F}_{ba}$ で押されていることになる。すなわち

$$\boldsymbol{F}_{ab} = -\boldsymbol{F}_{ba} \tag{1.17}$$

が成立する。

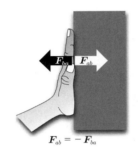

図 **1.3** 作用・反作用の法則

章 末 問 題

【1】 運動量 $\boldsymbol{p}$ を定めた式 (1.14) について，もし質量 m が時間的に変化している場合，ニュートンの運動方程式はどのように表すべきか。

【2】 デカルト座標系（図 1.2 参照）のもとに，質点 m が位置 P_0 から P_T まで曲線 $\boldsymbol{r}(t)$, $t \in [0, T]$ に従って動いたとき，その移動総距離 $d(P_0, P_T)$ は次式で表されることを示せ。

$$d(P_0, P_T) = \int_0^T \|d\boldsymbol{r}(t)/\mathrm{d}t\|\,\mathrm{d}t = \int_0^T \|v(t)\|\,\mathrm{d}t$$

2 質点系の運動

前章においてニュートンの第二法則により，物体に加わった力は物体の持つ運動量の変化量に等しいことを述べた．ここでは，物体をある質点とし，まず，ニュートンの第二法則（運動方程式）から，質点の運動の軌跡を導出する方法を与える．また，質点が複数集まって運動をしている状態を考え，ニュートンの第三法則から並進運動に関する運動量保存則を導く．その後，回転運動について，角運動量および角運動量保存則を与えることで剛体の力学への導入とする．

2.1 質点の運動の軌跡

前章で，物体の運動はニュートンの第二法則（運動の法則）で与えられることを述べた．ここでは，ニュートンの第二法則を出発点として，ある質点の運動方程式が与えられている場合，その式から質点の運動の軌跡を求めてみよう．例として，図 **2.1** に示すように，質点をある初速度で斜め上方向に投げ上げる場合を考えよう．図のように慣性座標系 $O\text{-}xyz$ をとり，質点の質量を $m > 0$，質

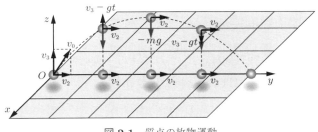

図 **2.1** 質点の放物運動

8   2. 質点系の運動

点の位置を $\boldsymbol{x} = [x,\ y,\ z]^{\mathrm{T}}$，速度を $\dot{\boldsymbol{x}} = [\dot{x},\ \dot{y},\ \dot{z}]^{\mathrm{T}}$，加速度を $\ddot{\boldsymbol{x}} = [\ddot{x},\ \ddot{y},\ \ddot{z}]^{\mathrm{T}}$ とする。また，質点の初期位置および初速度（どちらも定数ベクトル）を，それぞれ $\boldsymbol{x}_0 = [x_0,\ y_0,\ z_0]^{\mathrm{T}}$，$\boldsymbol{v}_0 = [v_1,\ v_2,\ v_3]^{\mathrm{T}}$ とし，重力が z 軸負方向に重力加速度 g で質点に加わっているとしよう。いま，放物運動は二次元 yz 平面内で起こるとすると（$v_1 = 0$ であり，三次元的な運動はしない），質点の運動方程式は以下のように与えられる。

$$m\ddot{\boldsymbol{x}} = [0,\ 0,\ -mg]^{\mathrm{T}} \tag{2.1}$$

式 (2.1) 第一式より x 方向加速度 $\ddot{x} = 0$ であり，初速度 $v_1 = 0$ としているため，x 方向の位置に関しては $x = x_0$ となり初期位置 x_0 から変わることはない。また，式 (2.1) 第二式より y 方向加速度 $\ddot{y} = 0$ であり，y 方向速度 $\dot{y}$ は $\ddot{y}$ の時間 $[0,\ t]$ 間の積分値と初速度 v_2 の和として以下のように表される。

$$\dot{y} = v_2 + \int_0^t \ddot{y}\ \mathrm{d}t = v_2 \tag{2.2}$$

式 (2.2) より，質点は y 方向に関して初速度 v_2 の等速運動を行うことがわかる。y 方向位置は，式 (2.2) をもう一度時間 $[0,\ t]$ 間で積分した値と初期位置 x_0 の和として以下のように表される。

$$y = y_0 + \int_0^t \dot{y}\ \mathrm{d}t = y_0 + v_2 t \tag{2.3}$$

一方，式 (2.1) 第三式より $\ddot{z} = -g$ であるため，z 方向速度 $\dot{z}$ は z 方向加速度 $\ddot{z}$ の時間 $[0,\ t]$ 間の積分と初速度 v_3 の和として以下のように表される。

$$\dot{z} = v_3 + \int_0^t \ddot{z}\ \mathrm{d}t = v_3 - gt \tag{2.4}$$

z 方向位置は，式 (2.3) と同様に式 (2.4) をもう一度時間 $[0,\ t]$ 間で積分した値と初期位置 z_0 の和として以下のように表される。

$$z = \int_0^t \dot{z}\ \mathrm{d}t = z_0 + v_3 t - \frac{1}{2}gt^2 \tag{2.5}$$

以上より質点の位置は，最終的に以下のように表される。

$$x = x_0, \quad y = y_0 + v_2 t, \quad z = z_0 + v_3 t - \frac{1}{2}gt^2 \tag{2.6}$$

すなわち質点の運動方程式が与えられれば，それを時間積分することによって，その質点の運動の軌跡を求めることができる。図 2.1 のような簡単な放物運動の例では，解析的に積分が行えるため，簡単に軌跡を求めることが可能であるが，運動方程式が複雑になるに従い，解析的な積分は困難となる。工学では，こういった解析的に積分できない運動方程式が頻繁に出てくるが，その場合，計算機を用いた数値的な手法（オイラー法やルンゲ–クッタ法など）を用いて近似解を得る手法が用いられる。

2.2 運 動 量 保 存 則

　ここでは，複数の質点が同時に運動している状況を考えてみよう。いま，三次元空間内でおのおの独立な運動をする n 個の質点が，接触してたがいに干渉し合っており，各質点間の干渉以外に外力は働かないとする。i 番目の質点の運動量を $\boldsymbol{p}_i$，i 番目の質点がそのほかの k 番目の質点から受ける力を $\boldsymbol{F}_{ki}$ とすると，i 番目の質点の運動方程式は以下のように表される。

$$\frac{\mathrm{d}\boldsymbol{p}_i}{\mathrm{d}t} = \sum_{k=1}^{n} \boldsymbol{F}_{ki} \quad (k \neq i) \tag{2.7}$$

式 (2.7) 右辺は，i 番目の質点以外の質点から，i 番目の質点に加えられる力の総和を表している。ここで，n 個の質点の各運動量の総和を全運動量 $\boldsymbol{P}$ とすると，$\boldsymbol{P}$ は以下のように表される。

$$\boldsymbol{P} = \sum_{i=1}^{n} \boldsymbol{p}_i \tag{2.8}$$

系全体の運動量の変化を見るために，$\boldsymbol{P}$ を時間で微分すると，以下のように表される。

$$\frac{\mathrm{d}\boldsymbol{P}}{\mathrm{d}t} = \sum_{i=1}^{n}\left(\frac{\mathrm{d}\boldsymbol{p}_i}{\mathrm{d}t}\right) = \sum_{i=1}^{n}\sum_{k=1}^{n}\boldsymbol{F}_{ki} \quad (k \neq i) \tag{2.9}$$

ここで，式 (1.17) で示した作用・反作用の法則より

$$\boldsymbol{F}_{ik} = -\boldsymbol{F}_{ki} \tag{2.10}$$

を式 (2.9) 右辺に適用すると，すべての力成分がたがいに打ち消し合って，結果として

$$\frac{\mathrm{d}\boldsymbol{P}}{\mathrm{d}t} = \boldsymbol{0} \tag{2.11}$$

となる．式 (2.11) は，質点に外力が働かない，もしくは外力の合計がゼロになっている場合，全運動量 $\boldsymbol{P}$ は一定であることを示している．このことを，**運動量保存則**（law of momentum conservation）と呼ぶ．

2.3　角運動量と角運動量保存則

運動量とは，質点の質量と並進速度によって定義される物理量であった．ここでは図 **2.2** に示すように，質点がある点を中心として純粋に回転運動のみを行っている場合を考えよう．いま，ある質点が原点 O を中心とした半径 $\boldsymbol{r}$ の位置で運動量 $\boldsymbol{p}$ を持っているとする．このとき

$$\boldsymbol{l} = \boldsymbol{r} \times \boldsymbol{p} \tag{2.12}$$

を原点 O まわりの**角運動量**と呼ぶ．ここで式 (2.12) 右辺に含まれる記号 $\times$

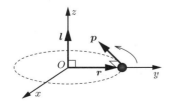

図 **2.2**　回転運動をする質点

は，**外積**（ベクトル積）と呼ばれる演算子である．任意の三次元ベクトル $\boldsymbol{A} = [a_1,\ a_2,\ a_3]^{\mathrm{T}} \in \mathbb{R}^3$ と $\boldsymbol{B} = [b_1,\ b_2,\ b_3]^{\mathrm{T}} \in \mathbb{R}^3$ の外積によって求められる三次元ベクトル $\boldsymbol{C} \in \mathbb{R}^3$ は，以下のように表される．

$$\boldsymbol{C} = \boldsymbol{A} \times \boldsymbol{B} = \begin{bmatrix} a_2 b_3 - a_3 b_2 \\ a_3 b_1 - a_1 b_3 \\ a_1 b_2 - a_2 b_1 \end{bmatrix} \in \mathbb{R}^3 \tag{2.13}$$

また，外積によって求めたベクトル $\boldsymbol{C}$ の大きさは

$$\|\boldsymbol{C}\| = \|\boldsymbol{A}\|\|\boldsymbol{B}\|\sin\theta \tag{2.14}$$

として与えられる．ここで式 (2.14) 右辺の θ は，$\boldsymbol{A}$ と $\boldsymbol{B}$ のなす角（$0 \leq \theta \leq \pi$）である．外積の幾何学的な意味を図 **2.3** に示す．図より，外積で求めた $\boldsymbol{C}$ は，基点を中心として $\boldsymbol{A}$ を $\boldsymbol{B}$ へ重ねる方向へ回したときに，右ねじが進む方向となり，その大きさ $\|\boldsymbol{C}\|$ は，$\boldsymbol{A}$ と $\boldsymbol{B}$ がつくる平行四辺形の面積に等しいことがわかる．すなわち，$\boldsymbol{C}$ は $\boldsymbol{A}$ と $\boldsymbol{B}$ の両方に直交する．

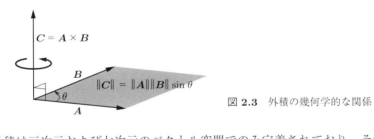

図 **2.3** 外積の幾何学的な関係

外積は三次元および七次元のベクトル空間でのみ定義されており，それ以外の次元では定義されないことにも注意されたい．

式 (2.12) を時間 t で微分すると，以下の関係式を得る．

$$\frac{\mathrm{d}\boldsymbol{l}}{\mathrm{d}t} = \dot{\boldsymbol{r}} \times \boldsymbol{p} + \boldsymbol{r} \times \dot{\boldsymbol{p}} \tag{2.15}$$

ここで式 (1.14) を式 (2.15) に代入すると

$$\frac{\mathrm{d}\boldsymbol{l}}{\mathrm{d}t} = \dot{\boldsymbol{r}} \times (m\dot{\boldsymbol{r}}) + \boldsymbol{r} \times \dot{\boldsymbol{p}} \tag{2.16}$$

12　　2. 質 点 系 の 運 動

となるが，右辺第一項は外積の定義により $\dot{\boldsymbol{r}} \times \dot{\boldsymbol{r}} = \boldsymbol{0}$ であるので，結果として
式 (2.15) は以下のように表される。

$$\frac{\mathrm{d}\boldsymbol{l}}{\mathrm{d}t} = \boldsymbol{r} \times \dot{\boldsymbol{p}} \tag{2.17}$$

つぎに，前節で導出した運動量と同様に，質点系全体の角運動量を求めてみ
よう。質点系全体の角運動量は，式 (2.12) で定義した各質点の角運動量をすべ
て足し合わせて，以下のように表される。

$$\boldsymbol{L} = \sum_{i=1}^{n} \boldsymbol{l}_i = \sum_{i=1}^{n} (\boldsymbol{r}_i \times \boldsymbol{p}_i) \tag{2.18}$$

ここで式 (2.15) と同様に，式 (2.18) を時間 t で微分すると，以下の式を得る。

$$\frac{\mathrm{d}\boldsymbol{L}}{\mathrm{d}t} = \sum_{i=1}^{n} \frac{\mathrm{d}\boldsymbol{l}_i}{\mathrm{d}t} = \sum_{i=1}^{n} \left(\boldsymbol{r}_i \times \frac{\mathrm{d}\boldsymbol{p}_i}{\mathrm{d}t} \right) \tag{2.19}$$

式 (2.7) を式 (2.19) に代入すると

$$\sum_{i=1}^{n} \left(\boldsymbol{r}_i \times \frac{\mathrm{d}\boldsymbol{p}_i}{\mathrm{d}t} \right) = \sum_{i=1}^{n} (\boldsymbol{r}_i \times \boldsymbol{F}_i) + \sum_{i=1}^{n} \sum_{j=1}^{n} (\boldsymbol{r}_i \times \boldsymbol{F}_{ji}) \tag{2.20}$$

となるが，式 (2.20) 右辺第二項は，式 (1.17) の作用・反作用の法則および外積
の定義によりゼロとなるため，結果として式 (2.20) は以下のように表される。

$$\frac{\mathrm{d}\boldsymbol{L}}{\mathrm{d}t} = \sum_{i=1}^{n} (\boldsymbol{r}_i \times \boldsymbol{F}_i) = \boldsymbol{N} \tag{2.21}$$

式 (2.21) はすなわち，系全体の角運動量の時間変化は，各質点の回転中心から
の位置ベクトル $\boldsymbol{r}_i$ と，加えられた力 $\boldsymbol{F}_i$ との外積の総和に等しいことを表して
いる。ここで

$$\boldsymbol{N} = \boldsymbol{r} \times \boldsymbol{F} \tag{2.22}$$

を，トルク（力のモーメント）と呼び，系全体に加わる回転力を表す。トルク
はベクトル量であり，外積の定義より回転軸上にあって，右ねじを回転させる
方向を正とする。また，単位は〔N·m〕で表す。

2.3 角運動量と角運動量保存則

いま，質点系に加わる力 $\boldsymbol{F}_i$ がゼロであるとすると，式 (2.21) より $\mathrm{d}\boldsymbol{L}/\mathrm{d}t = \boldsymbol{0}$ となるため，角運動量は変化しない．すなわち，外力が加わらない場合，角運動量は保存される．これを**角運動量保存則**（law of angular momentum conservation）という．

角運動量の時間微分がトルクと等しくなることを示しておこう．いま，図 **2.4** に示すように，原点 O のデカルト座標系において，z 軸を回転軸とした重さが無視できる長さ $r\,(=\|\boldsymbol{r}\|)$ の棒の先に，質量 m の質点が付いており，これが xy 平面上を摩擦なく回転している．質点の xy 平面上の位置ベクトルを $\boldsymbol{r} = [x,\,y,\,z]^{\mathrm{T}} = [r\cos\theta,\,r\sin\theta,0]^{\mathrm{T}}$，$x$ 軸からの回転角度を θ とする．質点は，円周上の接線方向速度 $\boldsymbol{v} = [\dot{x},\,\dot{y},\,\dot{z}]^{\mathrm{T}} = [-v\sin\theta,\,v\cos\theta,\,0]^{\mathrm{T}}$（$v = \|\boldsymbol{v}\|$）で回転しており，さらに $\boldsymbol{v}$ と同じ方向に外力 $\boldsymbol{F} = [F_x,\,F_y,\,F_z]^{\mathrm{T}} = [-F\sin\theta,\,F\cos\theta,\,0]^{\mathrm{T}}$（$F = \|\boldsymbol{F}\|$）が加わっているとしよう．$xy$ 平面上での質点速度を $\boldsymbol{v} = [\dot{x},\,\dot{y},\,0]^{\mathrm{T}}$ とすると，回転運動による系の角運動量 $\boldsymbol{L}$ は以下のように表される．

$$\begin{aligned}\boldsymbol{L} &= \boldsymbol{r} \times \boldsymbol{p} = \boldsymbol{r} \times m\boldsymbol{v} \\ &= \begin{bmatrix} r\cos\theta \\ r\sin\theta \\ 0 \end{bmatrix} \times \begin{bmatrix} -mv\sin\theta \\ mv\cos\theta \\ 0 \end{bmatrix} = \begin{bmatrix} 0 \\ 0 \\ mrv \end{bmatrix}\end{aligned} \quad (2.23)$$

式 (2.23) を時間 t で微分すると，以下の式を得る．

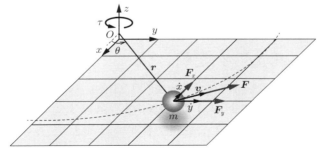

図 **2.4** xy 平面上を原点 O を中心に回転する質点

14   2. 質 点 系 の 運 動

$$\frac{\mathrm{d}\boldsymbol{L}}{\mathrm{d}t} = \begin{bmatrix} 0, & 0, & mr\dot{v} \end{bmatrix}^{\mathrm{T}} \tag{2.24}$$

一方，xy 平面上の質点の運動方程式は，ベクトル式 $m\ddot{\boldsymbol{r}} = \boldsymbol{F}$ で表されるが，各方向成分に分解すると以下のようになる。

$$\begin{cases} m\ddot{x} = -F\sin\theta \\ m\ddot{y} = F\cos\theta \\ m\ddot{z} = 0 \end{cases} \tag{2.25}$$

ここで

$$\dot{v} = \|\dot{\boldsymbol{v}}\| = \sqrt{\ddot{x}^2 + \ddot{y}^2 + \ddot{z}^2} \tag{2.26}$$

であるので，式 (2.26) に式 (2.25) を代入すると，$\dot{v} = F/m$ となり，これを式 (2.24) に代入すると

$$\frac{\mathrm{d}\boldsymbol{L}}{\mathrm{d}t} = \begin{bmatrix} 0, & 0, & rF \end{bmatrix}^{\mathrm{T}} \tag{2.27}$$

と表される。一方，トルク $\boldsymbol{N}$ は以下のように表される。

$$\boldsymbol{N} = \boldsymbol{r} \times \boldsymbol{F} = \begin{bmatrix} r\cos\theta \\ r\sin\theta \\ 0 \end{bmatrix} \times \begin{bmatrix} -F\sin\theta \\ F\cos\theta \\ 0 \end{bmatrix} = \begin{bmatrix} 0 \\ 0 \\ rF \end{bmatrix} \tag{2.28}$$

これより，式 (2.27) と式 (2.28) が等価となり，角運動量の時間変化は，加えられたトルクと等しいことが示された。並進運動において，運動量の時間変化は加えられた力と等しいことを述べたが，回転運動においては，同様に角運動量の時間変化は加えられたトルクと等しくなる。

つぎに，図 **2.5** に示すような単振り子を例として，角運動量を用いて運動方程式を導出してみよう。図のようにデカルト座標系 O–xyz をとり，原点 O に固定された長さ r のひもの先に質量 m の質点が付いており，ひもは運動中にゆるむことなく，質点には重力による力 $\boldsymbol{F} = [0,\ 0,\ mg]^{\mathrm{T}}$ が加わっているとする。一方で回転座標として，原点 O を中心とした振り子の y 軸まわりの回転角

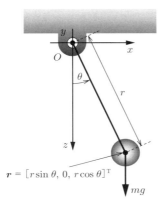

図 2.5 単振り子

度を，右ねじが進む方向に θ としよう．いま，振り子の運動は xz 平面内のみで起こり，三次元運動は行わない（y 方向はつねにゼロである）とすると，質点 m の位置 $\boldsymbol{r}$ は θ を用いて以下のように表される．

$$\boldsymbol{r} = [r\sin\theta,\ 0,\ r\cos\theta]^{\mathrm{T}} \tag{2.29}$$

また，質点の速度 $\dot{\boldsymbol{r}}$ は，式 (2.29) を時間 t で微分することにより，以下のように表される．

$$\dot{\boldsymbol{r}} = [r\dot{\theta}\cos\theta,\ 0,\ -r\dot{\theta}\sin\theta]^{\mathrm{T}} \tag{2.30}$$

式 (1.14) より，質点の運動量 $\boldsymbol{p}$ は式 (2.30) を用いて以下のように表される．

$$\boldsymbol{p} = m\dot{\boldsymbol{r}} = [mr\dot{\theta}\cos\theta,\ 0,\ -mr\dot{\theta}\sin\theta]^{\mathrm{T}} \tag{2.31}$$

さらに式 (2.12) より，角運動量 $\boldsymbol{l}$ は式 (2.31) を用いて以下のように表される．

$$\boldsymbol{l} = \boldsymbol{r} \times \boldsymbol{p} = \begin{bmatrix} r\sin\theta \\ 0 \\ r\cos\theta \end{bmatrix} \times \begin{bmatrix} mr\dot{\theta}\cos\theta \\ 0 \\ -mr\dot{\theta}\sin\theta \end{bmatrix} = \begin{bmatrix} 0 \\ mr^2\dot{\theta} \\ 0 \end{bmatrix} \tag{2.32}$$

よって，角運動量 $\boldsymbol{l}$ の時間 t による微分は，以下のように求まる．

$$\frac{\mathrm{d}\boldsymbol{l}}{\mathrm{d}t} = [0,\ mr^2\ddot{\theta},\ 0]^{\mathrm{T}} \tag{2.33}$$

16   2. 質 点 系 の 運 動

一方，重力によって単振り子に働くトルク $\boldsymbol{N}$ は，式 (2.22) より以下のように表される。

$$
\boldsymbol{N} = \boldsymbol{r} \times \boldsymbol{F} = \begin{bmatrix} r\sin\theta \\ 0 \\ r\cos\theta \end{bmatrix} \times \begin{bmatrix} 0 \\ 0 \\ mg \end{bmatrix} = \begin{bmatrix} 0 \\ -mgr\sin\theta \\ 0 \end{bmatrix} \tag{2.34}
$$

式 (2.21) より式 (2.33) と式 (2.34) は等しいことから，y 軸まわりの回転座標 θ で表された運動方程式として，以下の式を得る。

$$
mr^2\ddot{\theta} = -mgr\sin\theta \tag{2.35}
$$

式 (2.35) より $\ddot{\theta} = -g/r\sin\theta$ となり，単振り子の角加速度 $\ddot{\theta}$ は質量 m に依存せず，ひもの長さ r と角度 θ のみに依存することがわかる。

2.4　非慣性座標系での運動表現

これまでの運動は，基本的にデカルト座標系（慣性座標系）で表してきた。しかし，非慣性座標系（ニュートンの運動法則を満たさない座標系）で運動を表現した場合，その形は異なってくる。例えば，加速中の電車の中でボールを真上に投げ上げた場合，電車の中でボールを観察する場合と，電車の外から観察する場合では，明らかにボールの運動の見え方が異なる。これは，ボールの運動自体はなにも変化していないが，見ている座標系によって結果的にそう見えるのである。特にロボットアームのような多関節構造体の運動を表す場合，5 章で導入する一般化座標として，関節角度をとることが多い。この場合，各関節間の角度は，一つ前の剛体リンクと，対称剛体リンク間の相対角度として表されるが，相対角の基点となる一つ前の剛体リンクも慣性座標系に対して運動するため，表現する座標系によって運動の見え方が異なる。どの座標系で表現すればよいかは，時と場合により異なるため一概にはいえないが，3 章で導入する剛体の運動を表現する場合などは，非慣性座標系での運動表現は必須である。

ここでは，ある質点の運動について，デカルト座標系ではない局所座標系（ローカル座標系）で運動を表現する場合について考えてみよう．局所座標系が，デカルト座標系に対して並進方向加速度を持つ場合や，回転運動を行っている場合について，質点の運動がどのように表現されるかについて，例を追って見ていこう．

2.4.1 並進加速度を持つ場合

図 2.6 に示すように，デカルト座標系に対してある並進加速度を持つ局所座標系を考えよう．運動している質量 m の質点 p の位置が，デカルト座標系 $O\text{–}xyz$ において $\boldsymbol{r}$，局所座標系 $O\text{–}XYZ$ において $^L\boldsymbol{r}$ と表されるとする．また，デカルト座標系 $O\text{–}xyz$ から見た局所座標系 $O\text{–}XYZ$ の原点 ^LO の位置を $^L\boldsymbol{d}$ とすると，ベクトルの和算により

$$\boldsymbol{r} = {}^L\boldsymbol{r} + {}^L\boldsymbol{d} \tag{2.36}$$

が成り立つ．質点 p に加わる外力を $\boldsymbol{F}$ と置いて，式 (2.36) の両辺を時間 t で二回微分し，さらに両辺に質量 m を掛けることにより，質点 p の運動方程式は以下のように表される．

$$m\ddot{\boldsymbol{r}} = m\,{}^L\ddot{\boldsymbol{r}} + m\,{}^L\ddot{\boldsymbol{d}} = \boldsymbol{F} \tag{2.37}$$

式 (2.37) より，局所座標系 $O\text{–}XYZ$ から見た質点 p の運動は，以下のように表される．

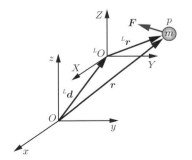

図 2.6 並進加速度を持つ局所座標系で表された質点

$$m^L \ddot{\bm{r}} = \bm{F} - m^L \ddot{\bm{d}} \tag{2.38}$$

式 (2.38) 右辺第二項は，見かけ上現れる力であり，**慣性力**と呼ばれる．慣性力は，デカルト座標系 $O\text{--}xyz$ から見た，局所座標系 $O\text{--}XYZ$ の原点位置の時間による二階微分（加速度）であるので，もし，局所座標系 $O\text{--}XYZ$ がデカルト座標系に対して動いていない，もしくは等速の並進運動を行っている場合は，この項はゼロとなる．よって慣性力は，図 **2.7** に示すように，局所座標系が並進加速度を持つ場合のみ，見かけ上現れることになる．

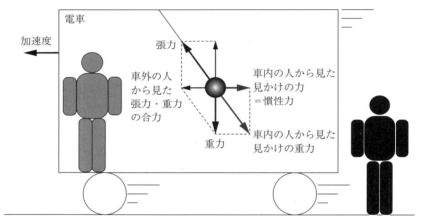

図 **2.7** 並進加速度がある場合の見かけ上の力（慣性力）

2.4.2 回転運動を行う場合

つぎに，局所座標系 $O\text{--}XYZ$ が，デカルト座標系 $O\text{--}xyz$ に対して回転運動を行っている場合を考えてみよう．回転運動を議論するには，**角速度ベクトル**（瞬時回転軸ベクトルともいう）を定義しておく必要がある．いま，図 **2.8** に示すように，ある回転軸 OP を中心として，ベクトル $\bm{r}$ が回転している場合を考える．ここで OP と $\bm{r}$ のなす角度を θ とする．ある微小時間 δt の間に，$\bm{r}$ が微小角度 $\delta\phi$ だけ回転して $\bm{r}'$ となったとしよう．このとき，ベクトル $\delta\bm{\phi}$ を，大きさ $\|\delta\bm{\phi}\| = \delta\phi$ で，回転方向に対して右ねじが進む方向を正として回転軸 OP

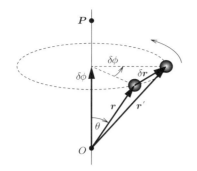

図 2.8 回転角加速度を持つ局所座標系で表された質点

上に定義すると，r から r' への微小変位ベクトル δr は，外積の定義から

$$\delta r = \delta \phi \times r \tag{2.39}$$

と表すことができる．式 (2.39) を考慮して，ベクトル r を時間 t で微分すると

$$\frac{d}{dt}r = \lim_{\delta t \to 0} \frac{\delta r}{\delta t} = \lim_{\delta t \to 0} \frac{\delta \phi}{\delta t} \times r \tag{2.40}$$

となる．ここで

$$\boldsymbol{\omega} = \lim_{\delta t \to 0} \frac{\delta \phi}{\delta t} \tag{2.41}$$

と置くと，式 (2.40) は以下のように書き改められる．

$$\dot{r} = \boldsymbol{\omega} \times r \tag{2.42}$$

式 (2.42) において，$\boldsymbol{\omega}$ を**角速度ベクトル**（瞬時回転軸ベクトル）と呼び，回転する座標系における位置ベクトル r の時間微分は，角速度ベクトル $\boldsymbol{\omega}$ との外積によって表されることがわかる．

いま，デカルト座標系 $O\text{–}xyz$ に対して，原点を共有する局所座標系 $O\text{–}XYZ$ が回転しており，$O\text{–}xyz$ に対する $O\text{–}XYZ$ の角速度を $\boldsymbol{\omega}$ とする．また，局所座標系 $O\text{–}XYZ$ の各 x, y, z 軸を表す基本ベクトルを e_x, e_y, e_z としよう．これらの時間微分は，式 (2.42) より以下のように表される．

$$\frac{de_x}{dt} = \boldsymbol{\omega} \times e_x, \quad \frac{de_y}{dt} = \boldsymbol{\omega} \times e_y, \quad \frac{de_z}{dt} = \boldsymbol{\omega} \times e_z \tag{2.43}$$

20   2. 質 点 系 の 運 動

局所座標系 $O\text{--}XYZ$ から見た位置ベクトルを，代数ベクトル $^L\boldsymbol{r} = [^L x, \ ^L y, \ ^L z]^{\mathrm{T}}$ と表すと，デカルト座標系 $O\text{--}xyz$ から見た位置ベクトル $\boldsymbol{r}$ は，1.1 節で述べたように，幾何ベクトルとして $\boldsymbol{r} = {}^L x\boldsymbol{e}_x + {}^L y\boldsymbol{e}_y + {}^L z\boldsymbol{e}_z$ と表すことができる。この位置ベクトル $\boldsymbol{r}$ を時間 t で微分すると，以下のように表される。

$$\frac{\mathrm{d}\boldsymbol{r}}{\mathrm{d}t} = \left\{ \frac{\mathrm{d}^L x}{\mathrm{d}t}\boldsymbol{e}_x + \frac{\mathrm{d}^L y}{\mathrm{d}t}\boldsymbol{e}_y + \frac{\mathrm{d}^L z}{\mathrm{d}t}\boldsymbol{e}_z \right\} + \boldsymbol{\omega} \times \boldsymbol{r} \tag{2.44}$$

式 (2.44) 右辺第二項は，式 (2.42) により導出される。また，式 (2.44) 右辺第一項は，局所座標系 $O\text{--}XYZ$ から見た位置ベクトル $\boldsymbol{r}$ の微分（速度ベクトル）であるので，これを

$$\frac{\mathrm{d}^L \boldsymbol{r}}{\mathrm{d}t} = {}^L\dot{\boldsymbol{r}} = \frac{\mathrm{d}^L x}{\mathrm{d}t}\boldsymbol{e}_x + \frac{\mathrm{d}^L y}{\mathrm{d}t}\boldsymbol{e}_y + \frac{\mathrm{d}^L z}{\mathrm{d}t}\boldsymbol{e}_z \tag{2.45}$$

と置くと，式 (2.44) は以下のように表される。

$$\frac{\mathrm{d}\boldsymbol{r}}{\mathrm{d}t} = \frac{\mathrm{d}^L \boldsymbol{r}}{\mathrm{d}t} + \boldsymbol{\omega} \times \boldsymbol{r} \tag{2.46}$$

ここで式 (2.46) を，同じ手順でもう一度時間 t で微分すると

$$\begin{aligned}
\frac{\mathrm{d}^2\boldsymbol{r}}{\mathrm{d}t^2} &= \frac{\mathrm{d}^L}{\mathrm{d}t}\left(\frac{\mathrm{d}^L \boldsymbol{r}}{\mathrm{d}t} + \boldsymbol{\omega} \times \boldsymbol{r} \right) + \boldsymbol{\omega} \times \left(\frac{\mathrm{d}^L \boldsymbol{r}}{\mathrm{d}t} + \boldsymbol{\omega} \times \boldsymbol{r} \right) \\
&= \frac{\mathrm{d}^L}{\mathrm{d}t}\left(\frac{\mathrm{d}^L \boldsymbol{r}}{\mathrm{d}t} \right) + \frac{\mathrm{d}^L \boldsymbol{\omega}}{\mathrm{d}t} \times \boldsymbol{r} + 2\boldsymbol{\omega} \times \frac{\mathrm{d}^L \boldsymbol{r}}{\mathrm{d}t} + \boldsymbol{\omega} \times (\boldsymbol{\omega} \times \boldsymbol{r}) \quad (2.47)
\end{aligned}$$

となり，式 (2.47) は，位置ベクトル $\boldsymbol{r}$ の加速度を表す。いま，位置ベクトルが示す位置に質量 m の質点があり，それが式 (2.33) 右辺で表された加速度で運動しているとしよう。すなわち，式 (2.47) 右辺に質量 m を掛けたものが外力 $\boldsymbol{F}$ と等しいとして，運動方程式を求めると

$$m\frac{\mathrm{d}^{2L}\boldsymbol{r}}{\mathrm{d}t^2} = \boldsymbol{F} - m\left(2\boldsymbol{\omega} \times \frac{\mathrm{d}^L \boldsymbol{r}}{\mathrm{d}t} \right) - m\{\boldsymbol{\omega} \times (\boldsymbol{\omega} \times \boldsymbol{r})\} - m\left(\frac{\mathrm{d}^L \boldsymbol{\omega}}{\mathrm{d}t} \times \boldsymbol{r} \right) \tag{2.48}$$

と表される。ここで角速度ベクトル $\boldsymbol{\omega}$ の微分は，式 (2.44) と同様に

$$\frac{\mathrm{d}\boldsymbol{\omega}}{\mathrm{d}t} = \frac{\mathrm{d}^L \boldsymbol{\omega}}{\mathrm{d}t} + \boldsymbol{\omega} \times \boldsymbol{\omega} = \frac{\mathrm{d}^L \boldsymbol{\omega}}{\mathrm{d}t} \tag{2.49}$$

と表される。いま，局所座標系 $O\text{--}XYZ$ から見た質点の加速度を

$$\frac{\mathrm{d}^{2L}\boldsymbol{r}}{\mathrm{d}t^2} = {}^{L}\ddot{\boldsymbol{r}} \tag{2.50}$$

と置き，式 (2.49)，(2.50) を式 (2.48) に代入して整理すると

$$m{}^{L}\ddot{\boldsymbol{r}} = \boldsymbol{F} - m\left(2\boldsymbol{\omega} \times {}^{L}\dot{\boldsymbol{r}}\right) - m\left\{\boldsymbol{\omega} \times (\boldsymbol{\omega} \times \boldsymbol{r})\right\} - m\left(\frac{\mathrm{d}\boldsymbol{\omega}}{\mathrm{d}t} \times \boldsymbol{r}\right) \tag{2.51}$$

と表される。式 (2.51) は，回転する局所座標系 $O\text{--}XYZ$ で表された質点の運動方程式である。右辺第二項は**コリオリ力**（Coriolis force）と呼ばれ，質点が回転する局所座標系 $O\text{--}XYZ$ に対して運動を行っている場合に，その速度に垂直な方向に現れる見かけ上の力である。また，右辺第三項は**遠心力**（centrifugal force）と呼ばれ，見かけ上，回転軸から外へ離れる方向に働き，その大きさは角速度ベクトル $\boldsymbol{\omega}$ の大きさの二乗に比例する。右辺第四項は，角速度ベクトル $\boldsymbol{\omega}$ が一定ではなく時間変化する際に現れる見かけ上の力である。

　以上のように，回転する座標系では，見かけ上の力が働くことがわかる。

章　末　問　題

【1】 式 (2.51) の右辺第三項は遠心力を表すが，これはベクトル $\boldsymbol{\omega}$ と直行することを示せ。また，この遠心力は二つのベクトル $\boldsymbol{\omega}$ と $\boldsymbol{r}$ のつくる平面に存在することを示せ。

【2】 三つのベクトル $\boldsymbol{a}$，$\boldsymbol{b}$，$\boldsymbol{c}$ について，次式が成立することを示せ。

$$\boldsymbol{a} \times (\boldsymbol{b} \times \boldsymbol{c}) = (\boldsymbol{a}^{\mathrm{T}}\boldsymbol{c})\boldsymbol{b} - (\boldsymbol{a}^{\mathrm{T}}\boldsymbol{b})\boldsymbol{c}$$

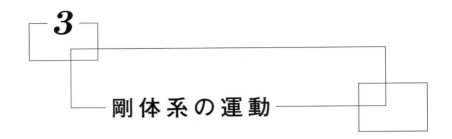

剛体系の運動

前章までに，質点の並進や回転運動について述べてきた。しかし実学としての工学では，純粋な質点を取り扱うことはほとんどなく，特に機械工学やロボット学では，ある体積を持った剛体の運動を取り扱う。剛体は，基本的に質点の無数の集まりとして定義されるが，剛体特有の問題も含んでおり，質点の運動の記述方法だけでは不十分である。ここでは，質点の集まりとして剛体の定義を行い，その幾何学（位置・姿勢）および力学について説明する。

3.1 剛体の自由度

剛体とは，各質点間の相対的な位置関係が幾何学的に拘束されており，つねに一定である質点の集合体と見なされる。質点は，デカルト座標系において $[x, y, z]$ の3変数でその位置が表現される。一方，剛体は各質点の距離が不変という拘束条件が加わる。例えば4個の質点が各頂点をなす四面体を考えてみよう。4個の質点間距離が不変であるとは，各質点を結ぶ線分の距離が変わらないということであり，つまり四面体の辺をなす6本の直線が，そのまま幾何学的な拘束条件を表している。1個の質点は3変数（3自由度）で表されるため，4個の質点の全体自由度は，本来 $4 \times 3 = 12$ 自由度であるが，6個の拘束条件があるために，$12 - 6 = 6$ となり自由度は6である。5個以上の質点の場合では，1個増えるたびに3自由度増えるが，それと同時に3本の直線（拘束条件）が付加されるため，結果的に自由度が増えることはなく，複数の質点の集合体としての剛体自由度はつねに6となる。6自由度のうち三つは質点と同

様に位置を表すが，残りの三つは姿勢を表す自由度となる。

3.2 剛 体 の 姿 勢

三次元空間での剛体の姿勢は，基本的に剛体に固定された局所座標系を基準座標系で表した $\mathbb{R}^{3 \times 3}$ の**回転行列**（rotation matrix）を用いて表す。ゆえに回転行列は姿勢行列と呼ばれることもある。ここでは，回転行列が持ついくつかの特徴について解説する。

3.2.1 回 転 行 列

回転行列 $\boldsymbol{R}$ とは，物体座標系の各軸を表す三つの**正規直交ベクトル**（orthonormal vector）を基準座標系で表し，それら三つの $\mathbb{R}^3$ 縦ベクトルを一つの $\mathbb{R}^{3 \times 3}$ 行列としてまとめたものである。正規直交ベクトルとは，たがいに直交する単位ベクトルであり，そのノルムは 1 である。すなわち，ある基準座標系から見た物体座標系を表す回転行列を $R = [\boldsymbol{e}_x,\ \boldsymbol{e}_y,\ \boldsymbol{e}_z] \in \mathbb{R}^{3 \times 3}$ とすると，以下の六つの関係式を満たす。

$$\begin{cases} \boldsymbol{e}_x^{\mathrm{T}} \boldsymbol{e}_x = 1 \\ \boldsymbol{e}_y^{\mathrm{T}} \boldsymbol{e}_y = 1 \\ \boldsymbol{e}_z^{\mathrm{T}} \boldsymbol{e}_z = 1 \end{cases} \tag{3.1}$$

$$\begin{cases} \boldsymbol{e}_x^{\mathrm{T}} \boldsymbol{e}_y = 0 \\ \boldsymbol{e}_y^{\mathrm{T}} \boldsymbol{e}_z = 0 \\ \boldsymbol{e}_z^{\mathrm{T}} \boldsymbol{e}_x = 0 \end{cases} \tag{3.2}$$

式 (3.1) は，各列ベクトルの正規性に関する拘束条件であり，式 (3.2) は，各列ベクトル間の直交性に関する拘束条件となる。すなわち，回転行列自体は九つの要素を有するが，上記六つの拘束条件があるため，結果として自由度は 3 となる。行列をなす各列ベクトルがたがいに正規直交ベクトルである行列を**正規直交行列**（orthonormal matrix）というが，正規直交行列の特徴として，以下

24   3. 剛 体 系 の 運 動

の関係式を満たすことが知られている。

$$RR^{\mathrm{T}} = R^{\mathrm{T}}R = I_3 \tag{3.3}$$

ここで I_3 は，$\mathbb{R}^{3\times3}$ の単位行列を表す。式 (3.3) はすなわち，$R^{\mathrm{T}} = R^{-1}$ であることを意味している。また，回転行列 R は，座標系をすべて右手系で定義した場合，その**行列式**（determinant）は必ず $+1$ となることが知られている。これら二つの特徴（正規直交行列，行列式が $+1$）を持つ回転行列は，**SO（3）**（special orthogonal（3））と呼ばれるクラスに属する。すなわち

$$^{\forall}R \in \mathbb{R}^{3\times3},\ R^{\mathrm{T}} = R^{-1} \wedge \det R = +1 \overset{\mathrm{def.}}{\Longleftrightarrow} R \in \mathrm{SO}(3) \tag{3.4}$$

である。

つぎに，物体座標系を表す回転行列 R が，基準座標系に対して時間 t に依存して変化している場合を考えてみよう。式 (3.3) の両辺を時間 t で微分すると，以下の式を得る。

$$\dot{R}R^{\mathrm{T}} + R\dot{R}^{\mathrm{T}} = 0 \tag{3.5}$$

ここで

$$\Omega = \dot{R}R^{\mathrm{T}} \in \mathbb{R}^{3\times3} \tag{3.6}$$

と置くと，式 (3.5) は以下のように表すことができる。

$$\Omega + \Omega^{\mathrm{T}} = 0 \tag{3.7}$$

式 (3.7) は，Ω が**歪対称行列**（skew-symmetric matrix）であることを意味している。いま，歪対称行列 Ω を

$$\Omega = \begin{bmatrix} 0 & -\omega_z & \omega_y \\ \omega_z & 0 & -\omega_x \\ -\omega_y & \omega_x & 0 \end{bmatrix} = [\boldsymbol{\omega}\times],\ \ \boldsymbol{\omega} = [\omega_x,\ \omega_y,\ \omega_z]^{\mathrm{T}} \tag{3.8}$$

と置いてみよう。ここで $[\cdot \times]$ は，$\mathbb{R}^3$ ベクトルを $\mathbb{R}^{3 \times 3}$ の歪対称行列へ変換するオペレータであり，外積と等価な演算を示す。すなわち，任意の三次元ベクトル $\boldsymbol{A} \in \mathbb{R}^3$，$\boldsymbol{B} \in \mathbb{R}^3$ に関して，$\boldsymbol{A} \times \boldsymbol{B} = [\boldsymbol{A} \times] \boldsymbol{B}$ を意味する。式 (3.6) の両辺に右から R を掛け，式 (3.8) を代入すると，以下の式を得る。

$$\dot{R} = \Omega R = [\boldsymbol{\omega} \times] R$$
$$= [\boldsymbol{\omega} \times \boldsymbol{e}_x, \ \boldsymbol{\omega} \times \boldsymbol{e}_y, \ \boldsymbol{\omega} \times \boldsymbol{e}_z] \tag{3.9}$$

式 (3.9) は，2 章の式 (2.42) で表された，基準座標系に対して $\boldsymbol{\omega}$ という角速度ベクトルで回転運動を行っている座標系でのベクトルの時間微分を，物体座標系の各軸ベクトルに対して行った場合に等しい。すなわち式 (3.9) の $\boldsymbol{\omega}$ は，基準座標系から見た物体座標系の角速度ベクトルを表している。ここで $\boldsymbol{\omega}$ は，基準座標系で表された角速度ベクトルであることに注意されたい。一方で，物体座標系で表された角速度ベクトル $\boldsymbol{\omega}_o$ は，$\boldsymbol{\omega}$ を用いて

$$\boldsymbol{\omega}_o = R^{\mathrm{T}} \boldsymbol{\omega} \tag{3.10}$$

と表すことができる。式 (3.10) を式 (3.9) に代入すると

$$\dot{R} = R[\boldsymbol{\omega}_o \times] \tag{3.11}$$

と表される。式 (3.9) と比較して，右辺の回転行列と歪対称行列を掛ける順番が異なっていることを確認されたい。

3.2.2　オイラー角による姿勢表現

前述した回転行列による姿勢表現は，最も自然で表現上の特異点などは存在しないが，$\mathbb{R}^{3 \times 3}$ の行列であるため，九つの要素によって 3 自由度の姿勢を表現することになり，冗長表現となる。そこで，これら九つの変数を減らし，より利便性を高めた姿勢表現手法がいくつか存在する。以下では，そのうちの一つである**オイラー角**（Euler angle）について説明する。オイラー角は，姿勢に関する 3 自由度を 3 変数で表す手法であり，冗長表現な回転行列よりも無駄がな

26   3. 剛体系の運動

い簡易な表現ができる。しかし一方でよく知られた事実として，一組の 3 変数を用いてすべての姿勢を表すことはできない。ゆえに，オイラー角の姿勢表現には必ず表現上の特異点（表現できない姿勢）が生じる。また，特異点そのものだけでなく，その近辺においてもひずみが生じるなど問題点も多いが，最小変数で姿勢自由度を表現できることから，比較的よく利用される。オイラー角には，姿勢を表す三つの角度の取り方が 12 種類存在し，それぞれで表現上の特異点位置が異なるため，特異点周辺をなるべく利用しないようなオイラー角を利用することが望ましい。ここでは，その中で **ZYX オイラー角**と呼ばれる取り方について説明する。

ZYX オイラー角は，はじめに基準座標系 $[o\text{-}xyz]$ と一致した局所座標系 $[O\text{-}XYZ]$ を考える。そこから，まず $[O\text{-}XYZ]$ の Z 軸を ζ だけ回転した座標系 $[O\text{-}X'Y'Z]$ を設定し，$[O\text{-}XYZ]$ から見た $[O\text{-}X'Y'Z]$ を表す回転行列を $R_Z(\zeta)$ とする。つぎにその $[O\text{-}X'Y'Z]$ 座標系の Y' 軸を ξ だけ回転した座標系 $[O\text{-}X''Y'Z']$ を設定し，$[O\text{-}X'Y'Z]$ から見た $[O\text{-}X''Y'Z']$ を表す回転行列を $R_Y(\xi)$ とする。最後に，$[O\text{-}X''Y'Z']$ 座標系の X'' 軸を η だけ回転した座標系 $[O\text{-}X''Y''Z'']$ を設定し，$[O\text{-}X''Y'Z']$ から見た $[O\text{-}X''Y''Z'']$ を表す回転行列を $R_X(\eta)$ とする。

ZYX オイラー角の三つの角度変数 $[\zeta,\ \xi,\ \eta]$ の取り方について，**図 3.1** に示す。これら回転行列 $R_Z(\zeta)$，$R_Y(\xi)$，$R_X(\eta)$ は，それぞれの回転角度変数 $[\zeta,\ \xi,\ \eta]$ を用いて以下のように表すことができる。

$$R_Z(\zeta) = \begin{bmatrix} \cos\zeta & -\sin\zeta & 0 \\ \sin\zeta & \cos\zeta & 0 \\ 0 & 0 & 1 \end{bmatrix} \tag{3.12}$$

$$R_Y(\xi) = \begin{bmatrix} \cos\xi & 0 & \sin\xi \\ 0 & 1 & 0 \\ -\sin\xi & 0 & \cos\xi \end{bmatrix} \tag{3.13}$$

3.2 剛体の姿勢　27

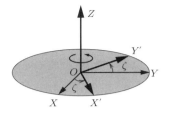

（a）Z軸まわりの回転（ζ）

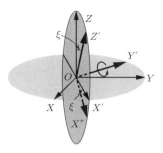

（b）Y'軸まわりの回転（ξ）

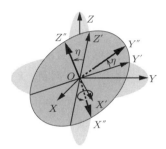

（c）X''軸まわりの回転（η）

図 **3.1** ZYX オイラー角

$$R_X(\eta) = \begin{bmatrix} 1 & 0 & 0 \\ 0 & \cos\eta & -\sin\eta \\ 0 & \sin\eta & \cos\eta \end{bmatrix} \tag{3.14}$$

基準座標系 $[o\text{--}xyz]$ から見た座標系 $[O\text{--}X''Y''Z'']$ を表す回転行列を R とすると，式 (3.12)〜(3.14) を用いて R は以下のように表される。

$$\begin{aligned}
R &= R_Z(\zeta)R_Y(\xi)R_X(\eta) \\
&= \begin{bmatrix} C_\zeta C_\xi & C_\zeta S_\xi S_\eta - S_\zeta C_\eta & C_\zeta S_\xi C_\eta + S_\zeta S_\eta \\ S_\zeta C_\xi & S_\zeta S_\xi S_\eta + C_\zeta C_\eta & S_\zeta S_\xi C_\eta - C_\zeta S_\eta \\ -S_\xi & C_\xi S_\eta & C_\xi C_\eta \end{bmatrix}
\end{aligned} \tag{3.15}$$

ここで

28   3. 剛 体 系 の 運 動

$$\begin{cases} S_\zeta = \sin\zeta, & S_\xi = \sin\xi, & S_\eta = \sin\eta, \\ C_\zeta = \cos\zeta, & C_\xi = \cos\xi, & C_\eta = \cos\eta \end{cases} \tag{3.16}$$

とする。結果として，式 (3.15) に示すように，基準座標系に対する姿勢を三つの回転角度変数 $[\zeta, \xi, \eta]$ で表すことができる。しかし，前述したようにオイラー角には必ず表現上の特異点が存在する。例えば ZYX オイラー角では，$\xi = \pm\pi$ のとき，表現上の特異点となり，ζ と η を一意に決定することができない。また，特異点そのものとともに，その近辺でも表現する空間にひずみが生じるため，特異点近傍は利用しない方が望ましい。

3.2.3 ロドリゲスの回転公式と等価角軸変換

基準座標系 $[o\text{--}xyz]$ から見たある局所座標系 $[O\text{--}XYZ]$ は，基準座標系で表されたある単位ベクトル $\boldsymbol{n}$ まわりに θ だけ回転して得られることがオイラーの定理（Euler's theorem）として知られている。このとき，この局所座標系 $[O\text{--}XYZ]$ を表す回転行列 R は，以下の関係式を満たす。

$$R = I_3 + [\boldsymbol{n}\times]\sin\theta + [\boldsymbol{n}\times]^2(1-\cos\theta) \tag{3.17}$$

ここで I_3 は $\mathbb{R}^{3\times3}$ の単位行列を表す。式 (3.17) は**ロドリゲスの回転公式**（Rodrigues' rotation formula）と呼ばれている。ロドリゲスの式の逆変換，すなわち R が与えられた場合の単位回転軸ベクトル $\boldsymbol{n}$ および回転角 θ は，例えば回転軸を角速度ベクトル $\boldsymbol{\omega}$ とした場合，以下のようにして求めることができる。

$$\boldsymbol{n} = \frac{\boldsymbol{\omega}}{|\boldsymbol{\omega}|} \tag{3.18}$$

$$\theta = \mathrm{atan2}(\sin\theta, \ \cos\theta) \tag{3.19}$$

ここで関数 $\mathrm{atan2}(\phi)$ は，$\arctan(\phi)$ の定義域を $-2\pi \leq \phi \leq 2\pi$ まで拡張した関数であり，実際に $\tan$ の逆関数として利用する際には，定義域が狭い $\arctan(\phi)$ の代わりとして一般的に利用される。また，式 (3.19) 右辺に含まれる $\cos\theta$ は，回転行列 R を用いて $\cos\theta = (\mathrm{tr}R - 1)/2$ として求めることができ，$\sin\theta$ は，

3.2 剛体の姿勢 29

求めた $\cos\theta$ と $\boldsymbol{n}$ を式 (3.17) に代入して求めることができる。式 (3.18), (3.19) は，合わせて**等価角軸変換**と呼ばれている。

3.2.4 オイラーパラメータによる姿勢表現

オイラー角は，どのように回転の順番を変えても必ず表現上の特異点が存在し，場合によってはそれが問題となる。ここでは，特異点のない姿勢表現方法の一つである**オイラーパラメータ**（Euler's parameters）について説明する。オイラーパラメータは，四つの変数を用いて姿勢を表す方法であり，**単位四元数**（単位クォーターニオン）としても知られている。オイラーパラメータを $\boldsymbol{e} \in \mathbb{R}^4$ とすると，以下のような四つの要素を持つ。

$$
\boldsymbol{e} = \begin{bmatrix} e_0 \\ e_1 \\ e_2 \\ e_3 \end{bmatrix} = \begin{bmatrix} \cos\dfrac{\theta}{2} \\ \boldsymbol{n}\sin\dfrac{\theta}{2} \end{bmatrix} = \begin{bmatrix} \cos\dfrac{\theta}{2} \\ n_1\sin\dfrac{\theta}{2} \\ n_2\sin\dfrac{\theta}{2} \\ n_3\sin\dfrac{\theta}{2} \end{bmatrix} \in \mathbb{R}^4 \tag{3.20}
$$

ここで $\boldsymbol{n} \in \mathbb{R}^3$ は，式 (3.18) と同じ単位回転軸ベクトルを表しており，$\boldsymbol{n}$ まわりに角度 θ で回転させることを意味する。$\boldsymbol{e}$ の四つの要素のうち，e_0 を**スカラー部**，$\boldsymbol{\varepsilon} = [e_1,\ e_2,\ e_3]^{\mathrm{T}}$ を**ベクトル部**ということがある。また，オイラーパラメータの各要素は以下の関係を満たす。

$$
e_0^2 + e_1^2 + e_2^2 + e_3^2 = 1 \tag{3.21}
$$

すなわち，オイラーパラメータは四次元ユークリッド空間における半径 1 の単位球面を表している。オイラーパラメータは基本的に回転行列と等価であるため，以下の手順で回転行列 R へ等価変換できる。

$$
R = \left(e_0^2 - \boldsymbol{\varepsilon}^{\mathrm{T}}\boldsymbol{\varepsilon}\right) I_3 + 2\boldsymbol{\varepsilon}\boldsymbol{\varepsilon}^{\mathrm{T}} + 2e_0[\boldsymbol{\varepsilon}\times] \tag{3.22}
$$

オイラーパラメータでは，オイラー角のような表現上の特異点は存在しないが，

e だけでなく $-e$ もまた式 (3.22) を満たすため,つねに二つの写像が得られることになる。しかし,実際に利用する際には姿勢が連続的に変化することから,連続性を満たすどちらか一方を選んで利用すればよい。

また,オイラーパラメータの時間微分 $\dot{e}$ と姿勢角速度 $\boldsymbol{\omega}$ との関係は以下のように与えられる。

$$\boldsymbol{\omega} = 2\left[-\boldsymbol{\varepsilon},\ e_0 I_3 - [\boldsymbol{\varepsilon}\times]\right]\dot{e} \tag{3.23}$$

剛体の運動において,角速度 $\boldsymbol{\omega}$ を直接時間積分しても,姿勢角とはならないことはよく知られた事実であるが,オイラーパラメータの時間微分 $\dot{e}$ やオイラー角の時間微分は直接時間積分が可能であり,その値を角度へ変換することができるため,動力学の数値シミュレーションなど,数値的に姿勢角を導出する場合には有効な表現方法である。

3.3 剛体の回転運動

剛体と質点が本質的に最も異なる点は,剛体には自身の回転運動が存在するが,質点には定義上,そもそもそういった自転運動が存在しないところである。いま,図 3.2 のようにデカルト座標系に固定されたある回転軸ベクトル $\boldsymbol{\omega}$ を中心に剛体が回転運動のみを行っている場合に,剛体が持つ角運動量について考えてみよう。デカルト座標系で表された剛体内のある点 p_i の位置ベクトルを $\boldsymbol{r}_i = [x_i,\ y_i,\ z_i]^\mathrm{T}$ とすると,点 p_i が持つ速度 $\dot{\boldsymbol{r}}$ は

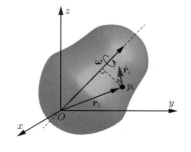

図 3.2 デカルト座標系に固定された回転軸ベクトル $\boldsymbol{\omega}$ を中心に回転運動する剛体内の点 p_i

$$\dot{\boldsymbol{r}}_i = \boldsymbol{\omega} \times \boldsymbol{r}_i \tag{3.24}$$

と表される。点 p_i が質量 m_i を持つとすると，質点 p_i が持つ角運動量 $\boldsymbol{l}_i$ は式 (2.12) と同様に

$$\boldsymbol{l}_i = \boldsymbol{r}_i \times m_i \dot{\boldsymbol{r}}_i = m_i \boldsymbol{r}_i \times (\boldsymbol{\omega} \times \boldsymbol{r}_i) \tag{3.25}$$

と表される。剛体中の質点の数を n 個とすると，すべての質点が同様の角運動量を持っているので，剛体全体が持つ全角運動量 $\boldsymbol{L}$ は，これらの角運動量 $\boldsymbol{l}_i$ の総和として以下のように表される。

$$\boldsymbol{L} = \sum_{i=1}^{n} m_i \boldsymbol{r}_i \times (\boldsymbol{\omega} \times \boldsymbol{r}_i) = \sum_{i=1}^{n} m_i \left\{ \left(\boldsymbol{r}_i^{\mathrm{T}} \boldsymbol{r}_i \right) \boldsymbol{\omega} - \boldsymbol{r}_i \boldsymbol{r}_i^{\mathrm{T}} \boldsymbol{\omega} \right\} \tag{3.26}$$

式 (3.26) はベクトル三重積の公式 $\boldsymbol{A} \times (\boldsymbol{B} \times \boldsymbol{C}) = (\boldsymbol{A}^{\mathrm{T}} \boldsymbol{C}) \boldsymbol{B} - \boldsymbol{C}(\boldsymbol{A}^{\mathrm{T}} \boldsymbol{B})$ を用いた。剛体は密度 ρ の均質な物体であると仮定すると，剛体内で質点は離散的ではなく連続的に分布しているので，微小体積を $\mathrm{d}V$ とすると微小質量 $\mathrm{d}m = \rho \mathrm{d}V$ であり，式 (3.26) を離散点の総和ではなく剛体全体の体積積分として表すと，角運動量 $\boldsymbol{L}$ は

$$\begin{aligned}
\boldsymbol{L} &= \int_V \left\{ \left(\boldsymbol{r}^{\mathrm{T}} \boldsymbol{r} \right) \boldsymbol{\omega} - \boldsymbol{r} \boldsymbol{r}^{\mathrm{T}} \boldsymbol{\omega} \right\} \mathrm{d}m = \int_V \left(\boldsymbol{r}^{\mathrm{T}} \boldsymbol{r} I - \boldsymbol{r} \boldsymbol{r}^{\mathrm{T}} \right) \rho \mathrm{d}V \cdot \boldsymbol{\omega} \\
&= \int_V \left[\boldsymbol{r} \times \right]^{\mathrm{T}} \left[\boldsymbol{r} \times \right] \rho \mathrm{d}V \cdot \boldsymbol{\omega} = I \boldsymbol{\omega}
\end{aligned} \tag{3.27}$$

と表される。ここで $\mathrm{d}V = \mathrm{d}x \mathrm{d}y \mathrm{d}z$ として

$$\begin{aligned}
I &= \int_V \left[\boldsymbol{r} \times \right]^{\mathrm{T}} \left[\boldsymbol{r} \times \right] \rho \mathrm{d}V = \int_x \int_y \int_z \left[\boldsymbol{r} \times \right]^{\mathrm{T}} \left[\boldsymbol{r} \times \right] \rho \mathrm{d}x \mathrm{d}y \mathrm{d}z \\
&= \begin{bmatrix} I_{xx} & I_{xy} & I_{xz} \\ I_{yx} & I_{yy} & I_{yz} \\ I_{zx} & I_{zy} & I_{zz} \end{bmatrix}
\end{aligned} \tag{3.28}$$

と置いた。式 (3.28) で表された I を**慣性テンソル** (inertia tensor)，あるいは単に慣性行列ということもある。I の各要素は以下のように表される。

$$\begin{cases}
I_{xx} = \int_x \int_y \int_z \left(y^2 + z^2\right) \rho \mathrm{d}x \mathrm{d}y \mathrm{d}z \\
I_{yy} = \int_x \int_y \int_z \left(z^2 + x^2\right) \rho \mathrm{d}x \mathrm{d}y \mathrm{d}z \\
I_{zz} = \int_x \int_y \int_z \left(x^2 + y^2\right) \rho \mathrm{d}x \mathrm{d}y \mathrm{d}z \\
I_{xy} = I_{yx} = -\int_x \int_y \int_z xy \rho \mathrm{d}x \mathrm{d}y \mathrm{d}z \\
I_{yz} = I_{zy} = -\int_x \int_y \int_z yz \rho \mathrm{d}x \mathrm{d}y \mathrm{d}z \\
I_{zx} = I_{xz} = -\int_x \int_y \int_z zx \rho \mathrm{d}x \mathrm{d}y \mathrm{d}z
\end{cases} \quad (3.29)$$

式 (3.29) において，対角成分 I_{xx}, I_{yy}, I_{zz} を**慣性モーメント**，非対角成分 I_{xy} ($= I_{yx}$), I_{yz} ($= I_{zy}$), I_{zx} ($= I_{xz}$) を**慣性乗積**という．慣性テンソルは必ず正定対称行列になることが知られている．

いま，図 **3.3** に示すように，デカルト座標系 O–xyz の z 軸を回転軸として，断面積 A，長さ l，密度 ρ の細長い円柱が長さ $l/2$ となる点を中心に角速度 $\dot{\theta}$ で回転しているとしよう．円柱の長手方向に微小長さ $\mathrm{d}r$ をとると，微小体積は $\mathrm{d}V = A\mathrm{d}r$ と表されるので，円柱の質量を $m = \rho A l$ として式 (3.27) に代入して角運動量を求めると

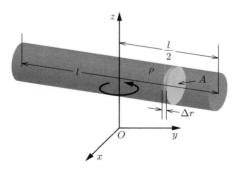

図 **3.3** z 軸まわりに回転する円柱の慣性モーメント

$$\boldsymbol{L} = \int_{-l/2}^{l/2} r^2 \dot{\theta} \rho A \mathrm{d}r = \frac{1}{12} \rho A l^3 \dot{\theta} = \frac{1}{12} m l^2 \dot{\theta} = I_z \dot{\theta} \tag{3.30}$$

となる．ここで $I_z = ml^2/12$ は，この円柱における長さ $l/2$ を中心とした z 軸まわりの慣性モーメントを表している．いま，剛体内の密度は均質であることから，長さ $l/2$ の位置は質量中心となり，すなわち I_z は剛体の質量中心を貫く z 軸まわりの慣性モーメントを表している．もし，円柱の端点（長さ l となる位置）を中心として同様に z 軸まわりに回転している場合，角運動量は

$$\boldsymbol{L} = \int_0^l r^2 \dot{\theta} \rho A \mathrm{d}r = \frac{1}{3} m l^2 \dot{\theta} = \left\{ I_z + m \left(\frac{l}{2}\right)^2 \right\} \dot{\theta} = \bar{I}_z \dot{\theta} \tag{3.31}$$

と表される．$\bar{I}_z$ は，質量中心位置から $l/2$ 離れた z 軸に平行な回転軸まわりの慣性モーメントを表している．一般的に，剛体の質量中心位置から l 離れた平行な軸まわりの慣性モーメント $\bar{I}_z$ は，質量中心を通る z 軸まわりの慣性モーメント I_z を用いて

$$\bar{I}_z = I_z + ml^2 \tag{3.32}$$

と表される．これは z 軸に平行な回転軸に限らず，どのような回転軸についても同様に成立する．すなわち，任意の軸まわりの慣性モーメントは，重心まわりの慣性モーメントに重心から回転軸までの距離の二乗に質量を乗した値を加えることで求められ，これを**平行軸の定理**という．

例として，図 **3.4** に示すような剛体振り子を考えてみよう．いま，デカルト

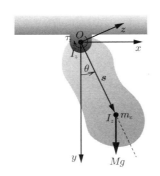

図 **3.4** xy 平面内において z 軸まわりに回転する剛体振り子

34   3. 剛体系の運動

座標系 $O\text{--}xyz$ の原点 O でつり下げられた剛体リンクが，重力の影響によって z 軸まわりに回転角度 θ で自由運動している。振り子の運動は xy 平面内のみで発生し，質量中心位置を m_c，回転中心である原点 O から m_c までの位置ベクトルを s とする。また，剛体の質量を M，z 軸に平行な回転に関する質量中心 m_c まわりの慣性モーメントを I_z とすると，z 軸まわりの慣性モーメント $\bar{I}_z$ は平行軸の定理より

$$\bar{I}_z = \left(I_z + M|s|^2\right) \tag{3.33}$$

と表される。よって，z 軸まわりに関する角運動量 $\bar{I}_z\dot{\theta}$ は

$$\bar{I}_z\dot{\theta} = \left(I_z + M|s|^2\right)\dot{\theta} \tag{3.34}$$

と表される。一方，z 軸まわりに発生する回転トルク τ_z は，重力の影響によって発生しており，重力加速度を g とすると

$$\tau_z = -Mg|s|\sin\theta \tag{3.35}$$

として表される。式 (2.21) で示したように，式 (3.34) で表された角運動量の時間微分がトルク τ_z と等しいことから，剛体振り子の運動方程式は

$$\left(I_z + M|s|^2\right)\ddot{\theta} = -Mg|s|\sin\theta \tag{3.36}$$

として得られる。

つぎに，図 **3.5** に表すようにより一般的に，ある剛体がデカルト座標系 $O\text{--}xyz$ に対して並進および回転運動している場合の運動エネルギーを導出してみよう。デカルト座標系から見た，剛体に固定された局所座標系 $O\text{--}XYZ$ の原点 O の位置を表すベクトルを ^0r，剛体の角速度ベクトルを ω とする。また，デカルト座標系 $O\text{--}xyz$ で表された，局所座標系 $O\text{--}XYZ$ の原点 O から剛体内のある微小体積 dV までの位置を表すベクトルを $r = [x,\ y,\ z]^{\mathrm{T}}$ とする。微小体積 dV は剛体内で固定されているため，局所座標系 $O\text{--}XYZ$ に対して不変である。い

3.3 剛体の回転運動 35

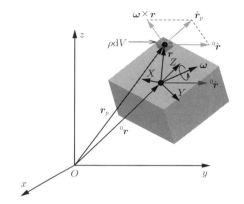

図 3.5 デカルト座標系で並進・回転運動を行う剛体の微小体積 dV の移動速度 $\dot{\bm{r}}_p$

ま，デカルト座標系 O–xyz から見た微小体積の位置ベクトルを $\bm{r}_p$ とすると，その速度 $\dot{\bm{r}}_p$ は以下のように表される。

$$\dot{\bm{r}}_p = {}^0\dot{\bm{r}} + \bm{\omega} \times \bm{r} \tag{3.37}$$

剛体は密度 ρ の均質な物体とし，微小質量 ρdV が持つ運動エネルギーを d$\mathcal{K}$ とすると

$$\mathrm{d}\mathcal{K} = \frac{1}{2}\rho \mathrm{d}V|\dot{\bm{r}}_p|^2 \tag{3.38}$$

と表される。式 (3.37) を式 (3.38) に代入して剛体全体にわたって体積積分することにより，剛体全体が持つ運動エネルギーは以下のように表すことができる。

$$\begin{aligned}
\mathcal{K} &= \int_V \mathrm{d}\mathcal{K} = \frac{1}{2}\int_V \left({}^0\dot{\bm{r}} + \bm{\omega}\times\bm{r}\right)^{\mathrm{T}}\left({}^0\dot{\bm{r}} + \bm{\omega}\times\bm{r}\right)\rho \mathrm{d}V \\
&= \frac{1}{2}\left\{ {}^0\dot{\bm{r}}^{\mathrm{T}0}\dot{\bm{r}}\int_V \rho \mathrm{d}V + 2{}^0\dot{\bm{r}}^{\mathrm{T}}\int_V (\bm{\omega}\times\bm{r})\,\rho \mathrm{d}V \right.\\
&\left. \quad + \int_V (\bm{\omega}\times\bm{r})^{\mathrm{T}}(\bm{\omega}\times\bm{r})\,\rho \mathrm{d}V \right\}
\end{aligned} \tag{3.39}$$

式 (3.39) 第一項は，以下のように計算することができる。

$$\frac{1}{2}{}^0\dot{\bm{r}}^{\mathrm{T}}\dot{\bm{r}}\int_V \rho \mathrm{d}V = \frac{1}{2}{}^0\dot{\bm{r}}^{\mathrm{T}0}\dot{\bm{r}}\int_x\int_y\int_z \rho \mathrm{d}x\mathrm{d}y\mathrm{d}z = \frac{1}{2}m{}^0\dot{\bm{r}}^{\mathrm{T}0}\dot{\bm{r}} \tag{3.40}$$

36   3. 剛体系の運動

ここで m は剛体全体の質量を表している。一方，剛体の回転角速度ベクトル $\boldsymbol{\omega}$ は，剛体中のどの部位でも同じであることから，第二項は以下のように計算できる。

$$
{}^0\dot{\boldsymbol{r}}^{\mathrm{T}} \int_V (\boldsymbol{\omega} \times \boldsymbol{r}) \rho \mathrm{d}V = {}^0\dot{\boldsymbol{r}}^{\mathrm{T}} \left(\boldsymbol{\omega} \times \int_V \boldsymbol{r} \rho \mathrm{d}x\mathrm{d}y\mathrm{d}z \right) = {}^0\dot{\boldsymbol{r}}^{\mathrm{T}} (\boldsymbol{\omega} \times m\boldsymbol{r}_g)
$$

(3.41)

ここで $\boldsymbol{r}_g$ は，剛体の**重心**（center of mass）と呼ばれ，その位置は以下のように表される。

$$
\boldsymbol{r}_g = [x_g,\ y_g\ , z_g]^{\mathrm{T}}
$$
$$
= \left[\frac{\int_x \int_y \int_z x\rho \mathrm{d}x\mathrm{d}y\mathrm{d}z}{\int_x \int_y \int_z \rho \mathrm{d}x\mathrm{d}y\mathrm{d}z} \quad \frac{\int_x \int_y \int_z y\rho \mathrm{d}x\mathrm{d}y\mathrm{d}z}{\int_x \int_y \int_z \rho \mathrm{d}x\mathrm{d}y\mathrm{d}z} \quad \frac{\int_x \int_y \int_z z\rho \mathrm{d}x\mathrm{d}y\mathrm{d}z}{\int_x \int_y \int_z \rho \mathrm{d}x\mathrm{d}y\mathrm{d}z} \right]^{\mathrm{T}}
$$

(3.42)

さらに，式 (3.39) 第三項についても式 (3.42) と同様に $\boldsymbol{\omega}$ は剛体中で一定であるから，以下のように計算される。

$$
\frac{1}{2} \int_V (\boldsymbol{\omega} \times \boldsymbol{r})^{\mathrm{T}} (\boldsymbol{\omega} \times \boldsymbol{r}) \rho \mathrm{d}V = \frac{1}{2} \boldsymbol{\omega}^{\mathrm{T}} \left(\int_x \int_y \int_z [\boldsymbol{r}\times]^{\mathrm{T}} [\boldsymbol{r}\times] \rho \mathrm{d}x\mathrm{d}y\mathrm{d}z \right) \boldsymbol{\omega}
$$
$$
= \frac{1}{2} \boldsymbol{\omega}^{\mathrm{T}} I \boldsymbol{\omega}
$$

(3.43)

ここで $(\boldsymbol{\omega} \times \boldsymbol{r}) = -(\boldsymbol{r} \times \boldsymbol{\omega})$，および $[\boldsymbol{r}\times]^{\mathrm{T}} = -[\boldsymbol{r}\times]$ の関係を用いた。また，I は式 (3.28) で定義した慣性テンソルである。結果として，式 (3.40), (3.41), (3.43) を式 (3.39) に代入することにより，運動エネルギー $\mathcal{K}$ は以下のように表すことができる。

$$
\mathcal{K} = \frac{1}{2} \left\{ m\dot{\boldsymbol{r}}^{\mathrm{T}} \dot{\boldsymbol{r}} + 2m\dot{\boldsymbol{r}}^{\mathrm{T}} (\boldsymbol{\omega} \times \boldsymbol{r}_g) + \boldsymbol{\omega}^{\mathrm{T}} I \boldsymbol{\omega} \right\}
$$

(3.44)

さらに，物体座標系の中心を重心位置 $\boldsymbol{r}_g$ にとると，$\boldsymbol{r}_g = \boldsymbol{0}$ となるから式 (3.44) 第二項はゼロとなる。よって，運動エネルギー $\mathcal{K}$ は，以下のように表される。

$$\mathcal{K} = \frac{1}{2}\left(m\dot{r}^{\mathrm{T}}\dot{r} + \boldsymbol{\omega}^{\mathrm{T}}I\boldsymbol{\omega}\right) \tag{3.45}$$

式 (3.45) 第一項は並進運動による運動エネルギーであり，第二項は回転運動による運動エネルギーを表している。すなわち，剛体の重心位置に物体座標系を設定することにより，全運動エネルギーは並進運動と回転運動に分離して導出することができる。

ここで，剛体の回転角速度ベクトル $\boldsymbol{\omega}$ はデカルト座標系で表されているが，物体座標系でも表すことが可能であり，デカルト座標系から見た物体座標系を表す回転行列を R，物体座標系で表された回転角速度ベクトルを $\boldsymbol{\omega}_o$ とすると，以下のように変換できる。

$$\boldsymbol{\omega} = R\boldsymbol{\omega}_o \tag{3.46}$$

式 (3.46) を式 (3.45) 第二項へ代入すると以下のように表すことができる。

$$\frac{1}{2}\boldsymbol{\omega}^{\mathrm{T}}I\boldsymbol{\omega} = \frac{1}{2}\boldsymbol{\omega}_o^{\mathrm{T}}R^{\mathrm{T}}IR\boldsymbol{\omega}_o = \frac{1}{2}\boldsymbol{\omega}_o I_o \boldsymbol{\omega}_o \tag{3.47}$$

ここで

$$I_o = R^{\mathrm{T}}IR \tag{3.48}$$

と置いた。いま，物体座標系を物体の重心位置にとった場合，I_o は正定対角行列になることが知られている。このとき，I_o を**慣性主軸**（principal axis of inertia）で表された慣性テンソルという。重心位置に置かれた物体座標系で表された慣性テンソルは，対角行列で姿勢変化に対して不変であり見通しがよいことから，回転運動に関する運動方程式では，デカルト座標系ではなく物体座標系が用いられる場合もある。

3.4　オイラーの運動方程式

いま，ある剛体が，剛体の重心に固定された局所座標系の原点 O を中心に回

38   3. 剛体系の運動

転運動しており，トルク $\boldsymbol{N} \in \mathbb{R}^3$ が外力トルクとして剛体に加わっているとしよう。すなわち，剛体は並進運動を行わず，回転運動のみを行っている状況を仮定する。前節と同様に，剛体の慣性主軸で表された慣性テンソルを I_o，剛体の重心位置に固定された局所座標系で表された剛体の角速度を $\boldsymbol{\omega}_o$ とすると，局所座標系で表された剛体の角運動量 $\boldsymbol{L}_o$ は

$$\boldsymbol{L}_o = I_o \boldsymbol{\omega}_o \tag{3.49}$$

と表される。つぎに，これをデカルト座標系で表してみよう。これも前節と同様，デカルト座標系から見た局所座標系を表す回転行列を R とし，デカルト座標系で表された剛体の角速度を $\boldsymbol{\omega}$ とすると，デカルト座標系で表された角運動量 $\boldsymbol{L}$ は，以下のように表される。

$$\boldsymbol{L} = R I_o R^{\mathrm{T}} \boldsymbol{\omega} \tag{3.50}$$

いま，式 (3.47) の逆関係をとると $I = R I_o R^{\mathrm{T}}$ となり，式 (3.50) に代入すると角運動量 $\boldsymbol{L}$ は

$$\boldsymbol{L} = I \boldsymbol{\omega} \tag{3.51}$$

と表される。ここで I は，デカルト座標系で表された剛体の慣性テンソルを表すが，慣性主軸で表された慣性テンソル I_o（定数行列）と異なり，回転行列 R を内部に含んでおり，姿勢によって変化することに注意したい。

2 章の式 (2.21) において，質点系の回転運動では，系に働くトルクの総和がゼロの場合，質点が持つ角運動量の時間変化もゼロとなり，それを角運動量保存則と呼んだ。そして系に働くトルクと角運動量の時間変化が等しいことを式 (2.27)，(2.28) で示し，質点の回転についての運動方程式が導出できることを示した。剛体についても角運動量保存則は同様に成立し，剛体の回転に関する運動方程式は，角運動量の時間変化と系に働くトルクの総和が等しいとして表すことができる。すなわち，いま，系に働くトルクは $\boldsymbol{N}$ であるので，剛体の回転に関する運動方程式は

$$\dot{L} = N \tag{3.52}$$

となり，式 (3.50) で表された角運動量 L を時間 t によって微分すると，以下のように表される。

$$\dot{L} = \dot{I}\omega + I\dot{\omega} \tag{3.53}$$

ここで I_o は定数行列であり，また式 (3.9) より $\dot{R} = [\omega \times]R$ であるから，$\dot{I}$ は以下のように求まる。

$$
\begin{aligned}
\dot{I} &= \dot{R}I_o R^{\mathrm{T}} + RI_o \dot{R}^{\mathrm{T}} \\
&= [\omega \times]RI_o R^{\mathrm{T}} + RI_o \left\{ [\omega \times]R \right\}^{\mathrm{T}} \\
&= [\omega \times]RI_o R^{\mathrm{T}} - RI_o R^{\mathrm{T}}[\omega \times] \\
&= [\omega \times]I - I[\omega \times]
\end{aligned} \tag{3.54}
$$

いま，式 (3.54) を式 (3.53) に代入し，さらに $\omega \times \omega = 0$ となることを考慮すると，角運動量 L の時間 t による微分式 (3.53) は，以下のように表すことができる。

$$
\begin{aligned}
\dot{L} &= I\dot{\omega} + \left\{ [\omega \times]I - I[\omega \times] \right\}\omega \\
&= I\dot{\omega} + [\omega \times]I\omega - I[\omega \times]\omega \\
&= I\dot{\omega} + [\omega \times]I\omega
\end{aligned} \tag{3.55}
$$

式 (3.55) で表された $\dot{L}$ が外力トルク N と等しいとして運動方程式が求まる。すなわち，式 (3.52) に式 (3.55) を代入すると，剛体の回転に関する運動方程式として

$$I\dot{\omega} + [\omega \times]I\omega = N \tag{3.56}$$

が得られる。式 (3.56) は，**オイラーの運動方程式** (Euler's equation of motion) と呼ばれる。

40   3. 剛 体 系 の 運 動

式 (3.45) でも述べたが，デカルト座標系における剛体の運動は，並進運動と回転運動を分離して独立に記述することができる。すなわち，いま，質量 M，慣性テンソル I の剛体がデカルト座標系において運動しているとすると，その運動は以下のように並進運動を記述するニュートンの運動方程式と，回転運動を記述するオイラーの運動方程式の二つを用いて表すことができる。

$$
\begin{cases}
M\ddot{\boldsymbol{x}} = \boldsymbol{F} \in \mathbb{R}^3 \\
I\dot{\boldsymbol{\omega}} + [\boldsymbol{\omega}\times]I\boldsymbol{\omega} = \boldsymbol{N} \in \mathbb{R}^3
\end{cases}
\tag{3.57}
$$

ここで $\ddot{\boldsymbol{x}}$ は剛体重心の並進加速度，$\boldsymbol{F}$ は物体に働く外力を表している。系に働くトルク $\boldsymbol{N}$ は，モータなどによって直接加えられる場合もあるが，一般的には外力 $\boldsymbol{F}$ が剛体に加わることにより，生成される場合がほとんどである。その場合，式 (2.22) より，系に働くトルクは $\boldsymbol{N} = \boldsymbol{r} \times \boldsymbol{F}$ と表される。ここで $\boldsymbol{r}$ は，力 $\boldsymbol{F}$ が加わっている位置を表している。

章 末 問 題

【1】 慣性テンソルの要素 I_{xx}, I_{yy}, I_{zz}, I_{xy} がつぎのように表されることを示せ。

$$
I_{xx} = \int_V (y^2 + z^2)\rho\,\mathrm{d}V, \quad I_{yy} = \int_V (z^2 + x^2)\rho\,\mathrm{d}V
$$
$$
I_{zz} = \int_V (x^2 + y^2)\rho\,\mathrm{d}V, \quad I_{xy} = -\int_V (xy)\rho\,\mathrm{d}V
$$

【2】 オイラーの方程式 (3.57) の第二式について，次式が成立することを示せ。

$$
\frac{\mathrm{d}}{\mathrm{d}t}\left\{\frac{1}{2}\boldsymbol{\omega}^\mathrm{T}I\boldsymbol{\omega}\right\} = \boldsymbol{\omega}^\mathrm{T}\boldsymbol{N}
$$

4 エネルギーと仕事量

物体になんらかの力が作用して動けば，仕事が行われたと解釈する。ここでは，純粋に力学的な概念として**仕事**（work）を定義し，仕事が行われることによって生じるエネルギー変動を解析する。特に地上で最も普遍的に作用している重力を含め，もっと一般的に**保存力**（conservative force）と呼ぶ概念を導入し，位置のエネルギーとして**ポテンシャル**（potential）を導入する。最後に，単一の質点や剛体の運動について，力学的エネルギー保存則を導く。

4.1 仕事と仕事率

質点 m が力 $\boldsymbol{f}$ を受けて微小変位 $\delta\boldsymbol{r}$ が生じたとき，$\boldsymbol{f}$ と $\delta\boldsymbol{r}$ の内積を

$$\delta\mathcal{W} = \boldsymbol{f}^{\mathrm{T}}\delta\boldsymbol{r} \tag{4.1}$$

と表し，$\delta\mathcal{W}$ を仕事の**増分**（increment）という（図 **4.1**）。質点 m が一定の力

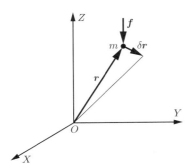

図 **4.1** 質点 m に力 $\boldsymbol{f}$ が作用して生じた変位 $\delta\boldsymbol{r}$

f のもとで，一定の向きに r だけ変位したとするならば

$$\mathcal{W} = \boldsymbol{f}^{\mathrm{T}} \boldsymbol{r} = fr\cos\theta \tag{4.2}$$

と表すことができる。一般には質点の動く軌道や力は場所によって変わりうる。例えば，図 **4.2** に示すように，質点 m が位置 P から位置 Q まで動くとき，受ける力が場所 r の関数 $\boldsymbol{f}(\boldsymbol{r})$ で表されるように変化するとすれば，積分

$$\mathcal{W}(P \to Q) = \int_P^Q \boldsymbol{f}^{\mathrm{T}}(\boldsymbol{r})\mathrm{d}\boldsymbol{r} \tag{4.3}$$

を，質点 m が位置 P から位置 Q に変位する間になした**仕事**という。なお，この積分は力 $\boldsymbol{f}(\boldsymbol{r})$ の変位方向に関する成分と，変位の大きさとの積を軌道上で集めたものを意味する。

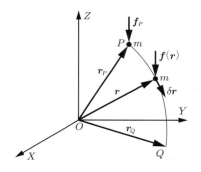

図 **4.2** 質点 m が位置 P から位置 Q に変位した間に行った仕事は，式 (4.3) の線積分で定義される。

仕事の単位は，1 ニュートン〔N〕の力によって 1〔m〕変位する間になした仕事を 1 ジュール〔J〕として選ぶ。また

$$\mathcal{P} = \frac{\mathrm{d}\mathcal{W}}{\mathrm{d}t} \tag{4.4}$$

を**仕事率**（単位時間当りの仕事），または単に**パワー**（power）ともいう。パワーの SI 単位系を**ワット**〔W〕（watt）といい，$1\,\mathrm{W} = 1\,\mathrm{J/s}$ とする。仕事は逆にパワーの積分として

$$\mathcal{W}(t_1 \to t_2) = \int_{t_1}^{t_2} \mathcal{P}(t)\mathrm{d}t \tag{4.5}$$

と表すこともできる。

質点 m が力 $\boldsymbol{f}$ を受けて自由運動するとき，運動方程式 $\boldsymbol{f} = m\left(\dfrac{\mathrm{d}\boldsymbol{v}}{\mathrm{d}t}\right)$ が成立するので，式 (4.3) は

$$\mathcal{W}(P \to Q) = m \int_P^Q \frac{\mathrm{d}}{\mathrm{d}t}\boldsymbol{v}^{\mathrm{T}}\mathrm{d}\boldsymbol{r} \tag{4.6}$$

と表すことができる。式 (4.6) に $\mathrm{d}\boldsymbol{r} = \dot{\boldsymbol{r}}\mathrm{d}t = \boldsymbol{v}\mathrm{d}t$ を代入し変形すれば

$$m \int_P^Q \frac{\mathrm{d}}{\mathrm{d}t}\boldsymbol{v}^{\mathrm{T}}\mathrm{d}\boldsymbol{r} = m \int_{t_P}^{t_Q} \frac{\mathrm{d}\boldsymbol{v}^{\mathrm{T}}}{\mathrm{d}t}\boldsymbol{v}\mathrm{d}t = \frac{m}{2} \int_{t_P}^{t_Q} \left(\frac{\mathrm{d}}{\mathrm{d}t}|\boldsymbol{v}|^2\right)\mathrm{d}t$$

$$= \frac{m}{2}\left(|\boldsymbol{v}_P|^2 - |\boldsymbol{v}_Q|^2\right) \tag{4.7}$$

となる。ここに，t_P は質点が P にあるときの時刻であり，t_Q も同様である。式 (4.6)，(4.7) より

$$\mathcal{W}(P \to Q) = \int_P^Q \boldsymbol{f}^{\mathrm{T}}\mathrm{d}\boldsymbol{r} = \frac{1}{2}m|\boldsymbol{v}_Q|^2 - \frac{1}{2}m|\boldsymbol{v}_P|^2 \tag{4.8}$$

$$= \mathcal{K}_Q - \mathcal{K}_P \tag{4.9}$$

式 (4.9) は，「自由質点が行う仕事は，その質点の運動エネルギーの変化に等しい」ことを表している。

4.2　保存力とポテンシャル

空間のある領域において，力 $\boldsymbol{f}$ が位置 $\boldsymbol{r}$，速度 $\boldsymbol{v}$，時刻 t の関数として $\boldsymbol{f}(\boldsymbol{r}, \boldsymbol{v}, t)$ と定まっているとき，その領域を**力の場**（force field）という。電場や磁場がその例として挙げられるが，ロボットのような剛体の運動では，一般的に**重力場**（gravitational force field）のみを考慮すればよい。

地上から高さ $z = h$ のところにある質点 m が，地面（$z = 0$）に落ちるまでに行った仕事 $\mathcal{W}(h \to 0)$ は，地上の重力場 $\boldsymbol{g} = [0, 0, -g]^{\mathrm{T}}$ による重力 $\boldsymbol{f} = m\boldsymbol{g}$ が働くので

$$\mathcal{W}(h \to 0) = [m\boldsymbol{g}]^\mathrm{T} \boldsymbol{r} = m[0, 0, -g] \begin{bmatrix} 0 \\ 0 \\ -h \end{bmatrix} = mgh \tag{4.10}$$

と表される（図 **4.3**）。

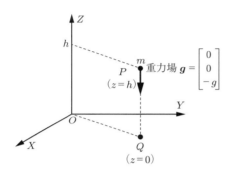

図 4.3 質点 m が位置 P から位置 Q まで重力 $\boldsymbol{g}$ によって自由落下するまでに行った仕事は $\mathcal{W} = mgh$ となる。

仕事の定義式 (4.3) の積分は，図 4.2 に示すように，位置 P から位置 Q に向かう質点の運動軌跡に沿って行われる。この積分が途中の経路曲線（パス，path）に無関係で，始点 P と終点 Q のみで定まるとき，その力を**保存力**（conservative force）という。幸いに重力も保存力の一つであるが，その保存力を特徴付ける一般的な性質を見るために，つぎのように考えてみる。いま，共通の始点 P と終点 Q を持つ二つの経路を任意にとり，後者の経路の向きを反転して合わせて閉曲線 C をつくる（図 **4.4**）。質点がそれぞれの経路で行った仕事が等しいことは，この閉曲線 C 上の線積分（周回積分）

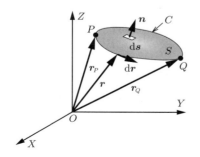

図 4.4 保存力の場では，位置 P から位置 Q までに行った仕事はその経路に依存しない。これはストークスの定理から $\mathrm{rot}(\boldsymbol{f}) = 0$ となることと等価である。

$$\oint_C \boldsymbol{f}^{\mathrm{T}} \mathrm{d}\boldsymbol{r} = 0 \tag{4.11}$$

となることと等価である。他方，ベクトル解析でよく知られた**ストークスの定理** (Stokes' theorem) を適用すると

$$\int_S (\nabla \times \boldsymbol{f}) \, \boldsymbol{n} \mathrm{d}S = \oint_C \boldsymbol{f}^{\mathrm{T}} \mathrm{d}\boldsymbol{r} = 0 \tag{4.12}$$

が成立する。ここで S は閉曲線 C で囲まれたなめらかな二次元領域（曲面）であり，$\mathrm{d}S$ はその面積要素，∇（ナブラ）は勾配ベクトル $[\partial/\partial x,\ \partial/\partial y,\ \partial/\partial z]^{\mathrm{T}}$ を表している。なお，ベクトル操作 $[\nabla \times]$ は「rot」あるいは「curl」と略称されることがあり，いま $\boldsymbol{f} = [f_x,\ f_y,\ f_z]^{\mathrm{T}}$ とすると，詳細は下記の通りである。

$$\nabla \times \boldsymbol{f} = \mathrm{rot}\boldsymbol{f} = \mathrm{curl}\boldsymbol{f} = \left[\frac{\partial f_z}{\partial y} - \frac{\partial f_y}{\partial z},\ \frac{\partial f_x}{\partial z} - \frac{\partial f_z}{\partial x},\ \frac{\partial f_y}{\partial x} - \frac{\partial f_x}{\partial y} \right]^{\mathrm{T}} \tag{4.13}$$

そこで，もし $\mathrm{rot}\boldsymbol{f} = 0$ ならば，式 (4.12) 前半部分のストークスの定理から，閉曲線上の線積分は明らかにゼロとなる。逆に，閉曲線 C で囲まれたどのようななめらかな曲面に対しても式 (4.12) が成立するならば，$\mathrm{rot}\boldsymbol{f} = 0$ を満たさなければならない。こうして，微分可能な力の場が保存力になるための必要十分条件は，力の rot がゼロでなければならない。すなわち

$$\mathrm{rot}\boldsymbol{f} = 0 \tag{4.14}$$

を満たす。重力場では明らかに式 (4.14) が成立する。

　保存力によって行われる仕事は，始点 P と終点 Q のみの関数である。そこで一般にある標準点（重力場のときはしばしば地上面にとる）をとって P とし，点 P から任意の点 A までに行った仕事として決められる量

$$\mathcal{U}(\boldsymbol{r}_A) = -\int_P^A \boldsymbol{f}^{\mathrm{T}} \mathrm{d}\boldsymbol{r} \tag{4.15}$$

を**ポテンシャルエネルギー** (potential energy)，あるいは単に**ポテンシャル**と呼ぶ。この定義より標準点 P では $\mathcal{U}(\boldsymbol{r}_P) = 0$ であるが，標準点 P の選び方は

46   4. エネルギーと仕事量

一意的ではない。しかし，ほかの任意の点 Q を標準点として選んだとしても，ポテンシャルの値 $\mathcal{U}(\boldsymbol{r}_Q)$ を定数と見なせば，以下の議論で混乱が生じることはないであろう。ポテンシャルの定義から，無限小変位 $\mathrm{d}\boldsymbol{r}$ に対して

$$\mathcal{U}(\boldsymbol{r}+\mathrm{d}\boldsymbol{r}) - \mathcal{U}(\boldsymbol{r}) = -\int_{\boldsymbol{r}}^{\boldsymbol{r}+\mathrm{d}\boldsymbol{r}} \boldsymbol{f}^{\mathrm{T}}\mathrm{d}\boldsymbol{r} = -\boldsymbol{f}^{\mathrm{T}}\mathrm{d}\boldsymbol{r} \tag{4.16}$$

となる。これは

$$\boldsymbol{f} = -\nabla\mathcal{U} \tag{4.17}$$

が成立することを意味する。すなわち，ポテンシャルの負の勾配（gradient）は，そこに加わる力（保存力）に等しい。

4.3   力学的エネルギー保存則

保存力のもとで自由運動する質点 m のポテンシャルと運動エネルギーの関係を述べておこう。この場合，ニュートンの第二法則を適用すると，式 (4.17) から

$$m\frac{\mathrm{d}^2}{\mathrm{d}t^2}\boldsymbol{r} = -\nabla\mathcal{U} \tag{4.18}$$

となる。式 (4.18) の両辺にについて，速度ベクトル $\boldsymbol{v} = \mathrm{d}\boldsymbol{r}/\mathrm{d}t$ と内積をとると

$$\frac{\mathrm{d}}{\mathrm{d}t}\left\{\frac{1}{2}m\left|\frac{\mathrm{d}}{\mathrm{d}t}\boldsymbol{r}\right|^2\right\} = -\left(\frac{\mathrm{d}}{\mathrm{d}t}\boldsymbol{r}^{\mathrm{T}}\right)\nabla\mathcal{U} \tag{4.19}$$

を得る。ここでポテンシャルの時間微分が

$$\frac{\mathrm{d}}{\mathrm{d}t}\mathcal{U}(\boldsymbol{r}) = \left(\frac{\mathrm{d}}{\mathrm{d}t}\boldsymbol{r}^{\mathrm{T}}\right)\nabla\mathcal{U} \tag{4.20}$$

と表されることに注意すると，式 (4.19) は

$$\frac{\mathrm{d}}{\mathrm{d}t}\left(\frac{1}{2}m|\boldsymbol{v}|^2 + \mathcal{U}(\boldsymbol{r})\right) = 0 \tag{4.21}$$

を意味することがわかる。式 (4.21) を時間微分すると

$$\frac{1}{2}m|\boldsymbol{v}|^2 + \mathcal{U}(\boldsymbol{r}) = \mathcal{E} = \text{const.} \tag{4.22}$$

となる。こうして運動エネルギーとポテンシャルエネルギーの和（これを全エネルギーと呼び，$\mathcal{E}$ と表すことが多い）が一定であることが導かれた。このことを**力学的エネルギー保存則**（law of mechanical energy conservation）という。

単一の剛体が，重力場のもとで固定した軸まわりに回転運動する場合についても，力学的エネルギー保存則が成立する。実際，3.3 節で例示した剛体振り子を再び考えてみよう。その運動方程式は，式 (3.36) と同様に

$$I\frac{\mathrm{d}^2}{\mathrm{d}t^2}\theta = -Mgl\sin\theta \tag{4.23}$$

と表される（図 3.4 参照）。ここでは $|\boldsymbol{s}| = l$, $I_z + M|\boldsymbol{s}|^2 = I$ と置いた。式 (4.23) の両辺に回転角速度 $\dot{\theta}$ を乗じ，右辺を左辺へ移項すると

$$\frac{\mathrm{d}}{\mathrm{d}t}\left\{\frac{1}{2}I\dot{\theta}^2 - Mgl\cos\theta\right\} = 0 \tag{4.24}$$

を得る。式 (4.24) を時間微分することにより，全エネルギーの保存則

$$\frac{1}{2}I\dot{\theta}^2 - Mgl\cos\theta = \mathcal{E} = \text{const.} \tag{4.25}$$

を得る。

複数の剛体が関節軸を通して連鎖した剛体系についても，力学的エネルギー保存則が成立するが，このことを見るためには，次章以降の詳細な議論が必要になる。

章 末 問 題

【1】 オイラーの方程式（式 (3.57) 第二式）について，外力 $\boldsymbol{N} = 0$ のとき，回転エネルギーの保存則はどのように表されるか，具体的に示せ。

【2】 重力場にある一つの剛体が重力以外の外力を受けていないとき，エネルギー保存則を具体的に示せ（オイラーの運動方程式 (3.57) を参照せよ）。

5

一般化座標と仮想仕事の原理

　運動する質点や質点系，あるいは剛体も含めてたがいに作用し運動する物理対象を力学系と呼び，運動を記述するために導入する物理変数の必要十分な個数をその力学系の自由度という。前章までは，力学系の運動を記述する物理変数としてはおもに三次元デカルト座標系の座標成分を用いていたが，それら全体は必ずしも必要最小限であるとは限らなかった。本章では，一般化座標系に微小変位の概念を与え，それらの間に成り立つ仮想仕事の原理を用いて力学系の運動方程式を導く。また，ダランベールの原理を一般化座標で表した力学系の運動に適用し，第一種ラグランジュ運動方程式を導く。最後の 5.5 節では，変分学に基づいてオイラーの方程式を導くが，これは次章で後述するダランベールの原理に基づく変分原理の出発点にもなる。

5.1　一般化座標と自由度

　一般に，力学系の位置を決定するために必要かつ十分な物理変数の個数を力学系の**自由度**（degrees-of-freedom）という。1 個の質点から構成される最も単純な力学系の自由度は，一般には 3 である。なぜなら，質点の位置を決めるには，三次元デカルト座標系を用いて三つの変数 $[x, y, z]$ が必要だからである。しかし，対象とする質点の運動が二次元平面に限定されている場合，その力学系の自由度は 2 と考えてよい。例えば，重力のみを受けて自由運動する質点の位置は，初期位置と初期速度ベクトルを含む垂直平面内に二次元デカルト座標系 $O\text{--}xy$ をとると，その位置は座標 $[x, y]$ で表すことができる。さらに，質点

の運動がなめらかな曲線上に拘束されている場合，力学系の自由度は 1 となる。その典型例は図 5.1 に示す単振り子である。1 個の質点と見なすことのできる錘の質量中心は，O–xy 平面に取り付けた座標系で $[x, y]$ と表されるので，変数の数は 2 である。しかし，錘を支える糸の長さは変らないと仮定できれば，錘の質量中心は半径 l の円弧曲線に拘束されるので，その位置は糸の傾き角 θ のみで決まると見なせる。したがって，この単振り子の自由度は 1 である。

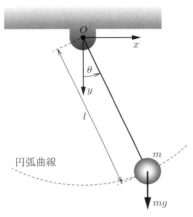

図 5.1 単振り子

自由に三次元運動する図 5.2 の振り子を考えよう。錘の位置はデカルト座標系 $[x, y, z]$ で表される。あるいは，図に示すように，糸と垂直軸（z 軸）とのなす角 θ と xy 平面に平行する水平面上に極座標 $[r, \phi]$ をとると，錘の位置は三つの変数 $[r, \phi, \theta]$ で表すこともできる。しかし，糸がつねに張って長さ l が不変であると想定すれば，極座標成分の一つである変数 r は糸の傾き角 ϕ によって一意に決まる。すなわち，$r = l\sin\phi$ であるので，この三次元振り子の位置は二つの角度 $[\phi, \theta]$ のみで表すことができ，力学系の自由度は 2 と見なすことができる。あるいは，デカルト座標系 $[x, y, z]$ で錘の位置を表すとき，糸の長さが変わらないことは $l = \sqrt{x^2 + y^2 + z^2}$ という拘束式で表されるので，この三次元振り子の自由度は 2 である。このことはまた，錘が半径 l の球面上に拘束されているといえるので，この力学系は，正しくは**球面振り子**（spheric

50   5. 一般化座標と仮想仕事の原理

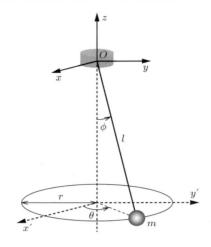

図 **5.2**　球面振り子

pendulum）と呼ばれる。

　もう少し複雑な例として，二つの錘が細い棒（硬くて変形しないが，質量は無視できるとする）で連結されている理想化した鉄アレイ（図 **5.3**）を考えてみよう。1 個の錘の質量中心を質点と見なし，その位置を $[x,\ y,\ z]$ で表すと，他方の錘の質量中心位置は棒の方向を与えれば決まる。その方向を図に示すように二つの角度 $\theta,\ \phi$ で決めよう。こうして，鉄アレイの位置は五つの変数の組 $[x,\ y,\ z,\ \theta,\ \phi]$ で決まるので，自由度は 5 となる。また，変数の組を縦ベクトル $\boldsymbol{q} = [x,\ y,\ z,\ \theta,\ \phi]^{\mathrm{T}}$ で表し，これを**一般化位置座標**（generalized position

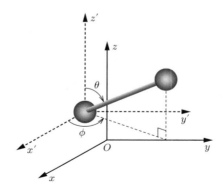

図 **5.3**　理想化した鉄アレイの力学系

coordinates），あるいは**一般化位置ベクトル**（generalized position vector）と呼ぶ．この場合，三つの変数 $[x, y, z]$ の物理単位は長さの単位〔m〕に基づくが，角度 $[\theta, \phi]$ は無次元の単位〔rad〕（radian，ラディアン）に基づく．この例のように，一般化位置座標として選ぶ各変数は，異なる物理単位に基づくことも許容されることに注意しておきたい．

一つの剛体は無限個の質点から構成されていると考えたが，質点相互間の距離が不変であるという**拘束条件**（constraint condition）が課してあるため，その自由度は無限になるわけではない．1 個の剛体の自由運動を考える場合，その力学系の自由度は 6 になる．というのは，剛体の特定した一点（どこでもよいが，一般的には質量中心と考えてよい）を決めるには 3 個の変数が必要であり，ついで第二の点を定めるには，第一の点から一定の距離にある球面座標の変数 2 個が必要になり，さらに第三の点を定めるには，最初の二点を結ぶ直線を回転軸とする円周上の位置変数を必要とするので，さらに 1 個の変数が追加され，こうして合計で自由度は 6 になる．もし，1 個の剛体に拘束条件を課すと，その自由度はさらに減る．例えば，**図 5.4** の剛体振り子を考えよう．これは昔の振り子式柱時計のモデルと考えられるが，剛体の運動は O–xy 平面を垂直に貫く z 軸まわりに制限されるので，剛体の位置は回転角 θ のみによって決まり，自由度は 1 となる．

図 5.3 の鉄アレイの自由度は 5 としたが，もし二つの錘と棒を含む全体を 1 個の剛体と考えると，その自由度は 6 であるように思える．この相違は，二つ

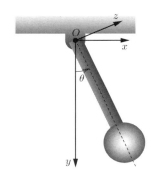

図 **5.4** 剛体振り子（振り子式柱時計）

の錘の質量中心を貫く軸まわりの回転運動を考慮するか（全体を一つの剛体と見なす場合），しないか（鉄アレイと見なす場合）による．

5.2 仮想仕事の原理

公園のシーソーに質量 M の大人と質量 m の子供が乗っているとき，シーソーが釣り合う条件を考えよう．図 5.5 に示すように，シーソーの傾き角を θ で表そう（θ の正負の符号は反時計方向を正とする）．シーソーの運動は二次元 xy 矢状面に限られるとすると，この力学系の一般化座標は θ のみで表され，自由度は 1 である．実際，大人と子供の質量中心を表す質点 M と質点 m は，それぞれ支点 O を中心とする半径 l_M と半径 l_m の円周上に拘束されており，たがいの相対位置は不変である．

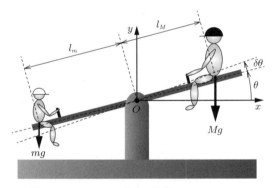

図 5.5　シーソーの釣合い条件：$Ml_M = ml_m$

さて，シーソーが $|\theta|$ の小さいある傾き角 θ で釣り合っているとしよう．ここで，さらに微小角 $\delta\theta$ だけ回転したと想定してみる．$\delta\theta$ が正であれば，右側の大人の重心位置は斜め上の方向に $l_M \delta\theta$ だけ動くが，この動きの鉛直方向成分は上向きに $l_M \delta\theta \cos\theta$ である．同様に，左側の子供の重心位置は斜め下に動き，その鉛直方向成分は下向きに $l_m \delta\theta \cos\theta$ である．微小角 $\delta\theta$ が負の場合も同様なことが考えられる．このように，任意に小さい変位の組 $[l_M \delta\theta \cos\theta, \; -l_m \delta\theta \cos\theta]$ を，**仮想変位**（virtual displacement）と呼ぶが，それぞれの変位には重力によ

る力 Mg および mg がかかっているので，それぞれの重力のなす仕事の総和を
とると

$$\delta'\mathcal{W} = Mgl_M\delta\theta\cos\theta - mgl_m\delta\theta\cos\theta \qquad (5.1)$$

となる。ここで $\delta'\mathcal{W}$ を**仮想仕事**（virtual work）と呼び，$\delta\mathcal{W}$ ではなく，わざ
わざプライム記号を付けて $\delta'\mathcal{W}$ で表すことに注意する。その理由は，仕事を単
位とするある物理量 $\mathcal{W}$ があって，その変分 $\delta\mathcal{W}$ が式 (5.1) 右辺で表されるこ
とを主張するのではなく，仮想変位のなす仕事（式 (5.1) 右辺）を想定して，そ
れを記号 $\delta'\mathcal{W}$ で定義するからである。そして，シーソーが釣り合うための必要
十分条件として

$$\delta'\mathcal{W} = 0 \qquad (5.2)$$

が成立しなければならないことを，**仮想仕事の原理**（principle of virtual work）
と呼ぶ。式 (5.2) は，式 (5.1) 右辺がゼロになることが釣り合うための必要十分
条件になることを主張している。すなわち

$$(Ml_M - ml_m)g\delta\theta\cos\theta = 0 \qquad (5.3)$$

となり，式 (5.3) が任意の微少量 $\delta\theta$ で成立するためには，釣合いの条件は $Ml_M = ml_m$ となる。

　仮想仕事の原理が力学系の釣合いの必要十分条件となることを，剛体を含む
一般の質点系について述べる。質点 i に働く**拘束力**（constraint force）をベク
トル $\boldsymbol{S}_i$，拘束力以外の力を $\boldsymbol{F}_i$ と表す。また，各質点 i ごとに以下の釣合い
条件

$$\boldsymbol{F}_i + \boldsymbol{S}_i = 0 \quad (i = 1, 2, \cdots, N) \qquad (5.4)$$

が成立しているとする。そこで，各質点 i に対して全体の拘束を破らないよう
な微小変位 $\delta\boldsymbol{r}_i$ を与えてみる。前述のシーソーの例では，拘束条件を破らない
ように傾きの微小角 $\delta\theta$ を用いたが，一般には質点 i の位置ベクトル $\boldsymbol{r}_i$ の近傍
で微小変位 $\delta\boldsymbol{r}_i$ をとってみる。そこで仮想仕事を

54   5. 一般化座標と仮想仕事の原理

$$\delta' \mathcal{W} = \sum_{i=1}^{N} (\boldsymbol{F}_i + \boldsymbol{S}_i, \ \delta \boldsymbol{r}_i) \tag{5.5}$$

と定義しよう。ここで記法 $(\boldsymbol{x}, \ \boldsymbol{y})$ は，三次元デカルト座標系のベクトル $\boldsymbol{x}$ と $\boldsymbol{y}$ の内積を表す。質点系が釣合いの状態にあれば，式 (5.4) から

$$\delta' \mathcal{W} = \sum_{i=1}^{N} (\boldsymbol{F}_i + \boldsymbol{S}_i, \ \delta \boldsymbol{r}_i) = 0 \tag{5.6}$$

である。逆に，$\delta' \mathcal{W} = 0$ が任意の仮想変位に対して成立するならば，力学系は釣合いの状態にある，と主張するのが仮想仕事の原理である。これを示すには，$\delta' \mathcal{W} = 0$ であるのに力学系が釣り合っていないとすると矛盾が起こることをいえばよい。質点系が釣り合っていないとき，それは運動方程式

$$m_i \frac{\mathrm{d}^2 \boldsymbol{r}_i}{\mathrm{d}t^2} = \boldsymbol{F}_i + \boldsymbol{S}_i \quad (i = 1, 2, \cdots, N) \tag{5.7}$$

に従って運動しているはずである。そこで，釣り合わなくなった瞬間まで仮想変位はゼロとし，その先では，拘束条件を満たしながら加速度の向きに合わせて微小な変位 $\delta \boldsymbol{r}_i$ を想定すると，$\boldsymbol{F}_i + \boldsymbol{S}_i$ との内積は

$$(\boldsymbol{F}_i + \boldsymbol{S}_i, \ \delta \boldsymbol{r}_i) = \left(m_i \frac{\mathrm{d}^2 \boldsymbol{r}_i}{\mathrm{d}t^2}, \ \delta \boldsymbol{r}_i \right) > 0 \quad (i = 1, 2, \cdots, N) \tag{5.8}$$

となるから，$\delta' \mathcal{W} > 0$ となり $\delta' \mathcal{W} = 0$ であったことに矛盾する。こうして，式 (5.6) が成立すれば，質点系は釣り合っていることになる。

特に，拘束がなめらかで拘束力が仕事をしない場合には，$(\boldsymbol{S}_i, \ \delta \boldsymbol{r}_i) = 0$ であるから，仮想仕事の原理は

$$\delta' \mathcal{W} = \sum_{i=1}^{N} (\boldsymbol{F}_i, \ \delta \boldsymbol{r}_i) = 0 \tag{5.9}$$

と表される。

前述したシーソーの運動における釣合い条件を，式 (5.9) が示す仮想仕事の原理から直接導いてみよう。大人の重心位置 $\boldsymbol{r}_M = [x, \ y]^{\mathrm{T}}$ における仮想変位ベクトルは，子供のそれとともに，図 5.6 に示すように

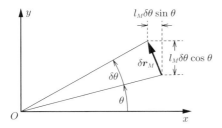

図 5.6 拘束条件を破らない仮想変位

$$\delta \boldsymbol{r}_M = l_M \begin{bmatrix} \sin\theta \\ -\cos\theta \end{bmatrix} \delta\theta, \quad \delta \boldsymbol{r}_m = l_m \begin{bmatrix} -\sin\theta \\ \cos\theta \end{bmatrix} \delta\theta \tag{5.10}$$

と表される。この仮想変位は，拘束条件を満たしていることに注意する。ここでシーソーの両端の質量中心にかかる重力は，それぞれ

$$\boldsymbol{F}_M = \begin{bmatrix} 0 \\ -Mg \end{bmatrix}, \quad \boldsymbol{F}_m = \begin{bmatrix} 0 \\ -mg \end{bmatrix} \tag{5.11}$$

である。式 (5.10) と式 (5.11) を用いて式 (5.9) を表すと

$$\begin{aligned}
\delta'\mathcal{W} &= \boldsymbol{F}_M^\mathrm{T} \delta \boldsymbol{r}_M + \boldsymbol{F}_m^\mathrm{T} \delta \boldsymbol{r}_m \\
&= Mgl_M \delta\theta \cos\theta - mgl_m \delta\theta \cos\theta \\
&= (Ml_M - ml_m) g \delta\theta \cos\theta \\
&= 0
\end{aligned} \tag{5.12}$$

となる。任意の微小角度 $\delta\theta$ に対して $\delta'\mathcal{W} = 0$ とならねばならないので，等式 $Ml_M = ml_m$ がシーソーが釣り合う必要十分条件となる。

5.3　ダランベールの原理

質点 i の質量を m_i，三次元デカルト座標系の位置ベクトルを $\boldsymbol{r}_i$，そこに作用する力のすべてを合わせて $\boldsymbol{F}_i$ で表すと，質点系の運動方程式は

$$m_i \ddot{\boldsymbol{r}}_i = \boldsymbol{F}_i \quad (i = 1, 2, \cdots, N) \tag{5.13}$$

56   5.　一般化座標と仮想仕事の原理

で表される。これは，1 章で述べたニュートンの第二法則（運動の法則）である。この式を等価的に

$$\boldsymbol{F}_i - m_i \ddot{\boldsymbol{r}}_i = 0 \quad (i = 1, 2, \cdots, N) \tag{5.14}$$

と書き換え，式 (5.14) をつぎのように解釈し直してみる。すなわち，式 (5.14) 左辺第二項は $-m_i \ddot{\boldsymbol{r}}_i$ であるが，これも力の一種と見なして，これを**慣性力** (inertial force) と呼ぶことにすると，式 (5.14) は質点と作用する力の総和と慣性力が釣り合っていることを表現していることになる。このように，作用する力の総和と慣性力が釣り合うことを，**ダランベールの原理** (principle of d'Alembert) と呼ぶ。

　ダランベールの原理を用いて，球面振り子の運動方程式を導いてみよう。図 5.2 に示すように，錘の質量中心に作用する張力 $\boldsymbol{f}$ と重力 $\boldsymbol{g}$ を三次元ベクトルで表すと

$$\boldsymbol{f} = \begin{bmatrix} -S \sin\phi \cos\theta \\ -S \sin\phi \sin\theta \\ S \cos\phi \end{bmatrix}, \quad \boldsymbol{g} = \begin{bmatrix} 0 \\ 0 \\ -mg \end{bmatrix} \tag{5.15}$$

となる。ここで S は張力の大きさを表す。錘の重心位置ベクトルは，$\boldsymbol{r} = [r\cos\theta,\ r\sin\theta,\ -l\cos\phi]^{\mathrm{T}}$ と表されるので，その時間微分（速度ベクトル）は

$$\dot{\boldsymbol{r}} = \begin{bmatrix} \dot{r}\cos\theta - r\dot{\theta}\sin\theta \\ \dot{r}\sin\theta + r\dot{\theta}\cos\theta \\ l\dot{\phi}\sin\phi \end{bmatrix} \tag{5.16}$$

となる。ここで $r = l\sin\phi$ であるので，その時間微分をとると，等式 $\dot{r} = l\dot{\phi}\cos\phi$ が成立することに注意する。さらに加速度ベクトルを求めると

$$\ddot{\boldsymbol{r}} = \begin{bmatrix} \left(\ddot{r} - r\dot{\theta}^2\right)\cos\theta - \left(2\dot{r}\dot{\theta} + r\ddot{\theta}\right)\sin\theta \\ \left(\ddot{r} - r\dot{\theta}^2\right)\sin\theta + \left(2\dot{r}\dot{\theta} + r\ddot{\theta}\right)\cos\theta \\ l\ddot{\phi}\sin\phi + l\dot{\phi}^2\cos\phi \end{bmatrix} \tag{5.17}$$

となる。ここでダランベールの原理を適用すると

$$\boldsymbol{f} + \boldsymbol{g} - m\ddot{\boldsymbol{r}} = \boldsymbol{0} \tag{5.18}$$

と表される。式 (5.18) に式 (5.15) と式 (5.17) を代入すると

$$\begin{bmatrix} -S\sin\phi\cos\theta \\ -S\sin\phi\sin\theta \\ S\cos\phi - mg \end{bmatrix} - m \begin{bmatrix} \left(\ddot{r} - r\dot{\theta}^2\right)\cos\theta - \left(2\dot{r}\dot{\theta} + r\ddot{\theta}\right)\sin\theta \\ \left(\ddot{r} - r\dot{\theta}^2\right)\sin\theta + \left(2\dot{r}\dot{\theta} + r\ddot{\theta}\right)\cos\theta \\ l\ddot{\phi}\sin\phi + l\dot{\phi}^2\cos\phi \end{bmatrix} = \boldsymbol{0} \tag{5.19}$$

となる。式 (5.19) と三次元ベクトル $[-\sin\theta,\ \cos\theta,\ 0]^{\mathrm{T}}$ との内積を求めると

$$-m\left(2\dot{r}\dot{\theta} + r\ddot{\theta}\right) = 0 \tag{5.20}$$

となり，$m > 0$ より

$$\frac{1}{r}\frac{\mathrm{d}}{\mathrm{d}t}\left(r^2\dot{\theta}\right) = 0 \tag{5.21}$$

が成立する。ここで物理量 $r^2\dot{\theta}$ は**面積速度**（area velocity）と呼ばれるが，式 (5.20) あるいは式 (5.21) はその面積速度が一定であることを示している。つぎに，式 (5.19) と三次元ベクトル $[\cos\theta,\ \sin\theta,\ 0]^{\mathrm{T}}$ との内積をとると

$$-S\sin\phi - m\left(\ddot{r} - r\dot{\theta}^2\right) = 0 \tag{5.22}$$

が成立する。これを書き直すと

$$m\ddot{r} = mr\dot{\theta}^2 - S\sin\phi \tag{5.23}$$

となる。式 (5.23) は，錘に作用する xy 平面上における力の平衡を表している。具体的にいえば，錘の慣性力の水平面成分が糸の張力の水平面成分と錘の遠心力の和に等しいことを示している。つまり，式 (5.23) はダランベールの原理を用いて表した球面振り子の運動方程式の水平面上の成分を表しているのである。

　球面振り子の運動方程式 (5.19) は，一般的に解くことはできない。しかし，傾き角 ϕ が一定であるような特別な場合については，明確な単振動の運動方程式を導くことができる。実際，$\phi = \mathrm{const.}$ であるので，$r = l\sin\phi = \mathrm{const.}$ と

58   5. 一般化座標と仮想仕事の原理

なり，$\dot{\phi} = 0$, $\ddot{\phi} = 0$, $\dot{r} = 0$, $\ddot{r} = 0$ であるので，式 (5.19) は

$$
\begin{bmatrix} -S\sin\phi\cos\theta \\ -S\sin\phi\sin\theta \\ S\cos\phi - mg \end{bmatrix} - m \begin{bmatrix} -r\dot{\theta}^2\cos\theta - r\ddot{\theta}\sin\theta \\ -r\dot{\theta}^2\sin\theta + r\ddot{\theta}\cos\theta \\ 0 \end{bmatrix} = \mathbf{0} \tag{5.24}
$$

に帰着する。式 (5.24) の z 成分を見ると，張力の大きさ S は

$$
S = \frac{mg}{\cos\phi} \tag{5.25}
$$

と定まることがわかる。また，式 (5.24) とベクトル $[\sin\theta, \ -\cos\theta, \ 0]^{\mathrm{T}}$ の内積をとると

$$
mr\ddot{\theta}\left(\sin^2\theta + \cos^2\theta\right) = mr\ddot{\theta} = 0 \tag{5.26}
$$

を得る。これより，$\dot{\theta} = \text{const.}$ であることがわかる。そこで，この定数を $\dot{\theta} = \omega$ と置き，式 (5.24) に $\ddot{\theta} = 0$ を代入することにより

$$
mr\omega^2 = S\sin\phi \tag{5.27}
$$

が求まる。S が式 (5.25) で表され，$r = l\sin\phi$ であることから，式 (5.27) より角振動数は

$$
\omega = \sqrt{\frac{g}{l\cos\phi}} \tag{5.28}
$$

と求まる。球面振り子の運動は，高さ一定の水平面で角速度 ω が一定の円運動となり，このことからこの特別な場合を**円錐振り子**（cone pendulum）と呼ぶ。

つぎに球面振り子の運動方程式をデカルト座標で表すと，ダランベールの式は

$$
\begin{bmatrix} -S\dfrac{x}{l} \\ -S\dfrac{y}{l} \\ S\dfrac{z}{l} - mg \end{bmatrix} - m \begin{bmatrix} \ddot{x} \\ \ddot{y} \\ \ddot{z} \end{bmatrix} = \mathbf{0} \tag{5.29}
$$

と書き表されることに注意する。ここで $z = l\sin\phi$ である。このとき傾き角 ϕ はつねに正値をとるが，十分に小さいと仮定し，二次のオーダーである ϕ^2, $\phi\dot{\phi}$,

$\phi\ddot{\phi}$, $\dot{\phi}^2$ はずっと小さく，式 (5.29)（これは式 (5.19) と同等）で省略できると仮定しよう。そのとき，式 (5.19) の z 成分は

$$S\cos\phi - mg = \mathcal{O}(\phi^2) \tag{5.30}$$

と表され，また $\cos\phi = 1 - \mathcal{O}(\phi^2)$ と表されるので，張力の大きさは $S = mg$ と近似できる。そのとき，式 (5.19) の x 成分と y 成分は

$$m\ddot{x} + m\left(\frac{g}{l}\right)x = 0 \tag{5.31}$$

$$m\ddot{y} + m\left(\frac{g}{l}\right)y = 0 \tag{5.32}$$

と表される。ここで $\omega = \sqrt{g/l}$ と置くと，これらはそれぞれ単振動の方程式

$$\ddot{x} + \omega^2 x = 0, \quad \ddot{y} + \omega^2 y = 0 \tag{5.33}$$

に帰着する。この結果，錘の運動の x 成分は角振動数 ω の単振動になり，y 成分も同じ振動数の単振動になる。ただし，それぞれの振幅は初期値に依存して異なり，錘の運動は球面の底の接平面に近接する二次元平面上で楕円軌道を描くことがわかる。

5.4　変分法とオイラーの方程式

　仮想仕事の原理を説明するとき，仮想変位と呼ぶ無限小の変数を導入した。ここでは，その意味を数学的にも明確にしておき，その働きをしっかり理解できるようにするために，変分学の基礎を与え，オイラーの方程式を導いておく。オイラーの方程式は次章で述べるラグランジュの運動方程式の変分学表現に相当する。

　光が所要時間を最短とする経路を選んで到達することは，**フェルマーの原理**（Fermat's principle）としてよく知られている。もっと簡単な，二次元平面上の二点 P_1，P_2 を結ぶあらゆる曲線の中で長さを最小にする曲線を見出す問題を考えてみる。**図 5.7** に示すように，任意の一つの曲線を関数 $y = f(x)$ で表

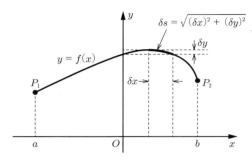

図 5.7 点 P_1 と点 P_2 を結ぶ曲線の長さを求める

すとき，$x = a$ から $x = b$ までの曲線の長さを求めたい．図に示す曲線の微小部分を斜辺にとった直角三角形の基本定理から

$$\delta s = \sqrt{(\delta x)^2 + (\delta y)^2} \tag{5.34}$$

と表されるので，曲線の $x = a$ から $x = b$ までの長さは

$$I[f(x)] = \int_a^b \mathrm{d}s = \int_a^b \sqrt{1 + \left(\frac{\mathrm{d}f}{\mathrm{d}x}\right)^2}\, \mathrm{d}x \tag{5.35}$$

で表される．ここで $y' = \mathrm{d}f(x)/\mathrm{d}x$ とすると，式 (5.35) は

$$I[f] = \int_a^b \sqrt{1 + (y')^2}\, \mathrm{d}x \tag{5.36}$$

と表される．問題は，この積分の値を最小とするような曲線 $y = f(x)$ を求めることになる．

　もう一つの例として，力学の歴史の中で重要な役割を演じたブラキストクローン問題（最速降下線問題，brachistochrone problem）を取り上げてみる．高さが上にある点 O から下にある点 P を結ぶ下り坂道を曲線 $y = f(x)$ と見立てる．そして，最初は点 O で静止している質点が，重力の作用で転がり出し，加速しつつ点 P に至るとして，その間に要する時間を最小にする曲線はなにか．図 5.8 に示すように，質点は高さが x だけ下がるとき，速度 $v = \sqrt{2gx}$ を持つ（2.1 節参照）．したがって，質点が微小な長さ $\mathrm{d}s$ の部分曲線をすべるのに必要な時間は

5.4 変分法とオイラーの方程式

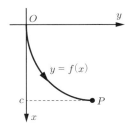

図 **5.8** 最速降下線問題

$$dt = \frac{ds}{\sqrt{2gx}} = \sqrt{\frac{dx^2 + dy^2}{2gx}} = \sqrt{\frac{1+(y')^2}{2gx}}dx \tag{5.37}$$

となり，問題は積分

$$I[f] = \int_0^c \sqrt{\frac{1+(y')^2}{2gx}}dx \tag{5.38}$$

を最小にする曲線 $y = f(x)$ を求めることに帰着する。ここで c は目標点 P の x 座標とする（図 5.8）。

これら二つの例では，被積分関数に y は直接入っていなかったが，一般には x, $y(x)$, $y'(x)$ のある関数 $F(x, y, y')$ に対して指定した区間 $[a, b]$ にわたる積分値

$$I[f] = \int_a^b F(x, y(x), y'(x))dx \tag{5.39}$$

を最小にする関数（曲線）$y = f(x)$ を求める方法論を**変分法**，あるいは**変分学** (calculus of variation) と呼ぶ。また，式 (5.39) の積分値は関数 $y = f(x)$ の選び方によって変わるので，$I[f]$ を**汎関数** (functional) と呼ぶ。一般に，普通の一変数関数の極大値や極小値をとる場所では，その微分値はゼロになる。汎関数の場合，ある関数 $f^*(x)$ で極小値をとるとき，$f^*(x)$ の近くの曲線を $f(x) = f^*(x) + \delta y(x)$ と表した場合（δy を増分あるいは増分変分と呼ぶ，次々頁の**図 5.9**），汎関数の差分

$$\Delta I = I[f(x)] - I[f^*(x)] \tag{5.40}$$

は，任意の δy に対して負の値をとらないことが必要条件になる。しかし，こ

62   5. 一般化座標と仮想仕事の原理

の条件だけでは $f^*(x)$ を見つける手がかりは得られない。そこで式 (5.40) 右辺を δy が見える形で表してみよう。そのため，$f'(x) = (\mathrm{d}f^*(x)/\mathrm{d}x) + \delta y'(x)$ であることに注意し，$f^*(x)$ を改めて y，$\mathrm{d}f^*(x)/\mathrm{d}x$ も改めて y' と表すと，差分は

$$
\begin{aligned}
\Delta I &= I[f] - I[f^*] \\
&= \int_a^b \{F(x,\ y + \delta y,\ y' + \delta y') - F(x,\ y,\ y')\}\,\mathrm{d}x \\
&= \int_a^b \left(\frac{\partial F}{\partial y}\delta y + \frac{\partial F}{\partial y'}\delta y'\right)\mathrm{d}x + \int_a^b (*)\mathrm{d}x \tag{5.41}
\end{aligned}
$$

と表される。ここで，一般に δy と $\delta y'$ は任意にとれる微少量なので，テーラー展開から

$$
F(x,\ y + \delta y,\ y' + \delta y') = F(x,\ y,\ y') + \frac{\partial F}{\partial y}\delta y + \frac{\partial F}{\partial y'}\delta y' + \mathcal{O}(\delta y^2,\ \delta y'^2) \tag{5.42}
$$

となることを利用した。したがって，式 (5.41) の被積分項の $(*)$ は，δy，$\delta y'$ の二次以上の微少量なので，ΔI の主要部分は式 (5.41) 右辺第一項のみとなり，これを改めて

$$
\delta I = \int_a^b \left(\frac{\partial F}{\partial y}\delta y + \frac{\partial F}{\partial y'}\delta y'\right)\mathrm{d}x \tag{5.43}
$$

と表す。右辺は δy と $\delta y'$ の線形結合の積分となるが（これを線形汎関数という），これを**第一変分** (variation) あるいは単に**変分**と呼ぶ。ここで，$\delta y' = \mathrm{d}(\delta y)/\mathrm{d}x$ であることに注意して，式 (5.43) の被積分項の $\delta y'$ に部分積分を適用すると

$$
\int_a^b \frac{\partial F}{\partial y'}\delta y'\mathrm{d}x = \left[\frac{\partial F}{\partial y'}\delta y\right]_a^b - \int_a^b \frac{\mathrm{d}}{\mathrm{d}x}\left(\frac{\partial F}{\partial y'}\right)\delta y\,\mathrm{d}x \tag{5.44}
$$

となることがわかる。ここで δy は，積分区間の両端 $x = a$，$x = b$ でゼロとなるものを選ぶとすると（**図 5.9**），式 (5.44) 右辺第一項はゼロとなる。これに注意して式 (5.44) を式 (5.41) に代入すると，変分は

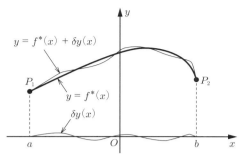

図 5.9 変分 $\delta y(x)$ の取り方

$$\delta I = \int_a^b \left[\frac{\partial F}{\partial y} - \frac{\mathrm{d}}{\mathrm{d}x}\left(\frac{\partial F}{\partial y'}\right)\right] \delta y \mathrm{d}x \tag{5.45}$$

と表されることがわかる。ここで増分（微小変位）$\delta y(x)$ は，積分区間の両端でゼロになることと，その微分 $\delta y'(x)$ もなめらかであるという条件を満足する限り自由に選べるので，汎関数 $I[f]$ が $y = f^*(x)$ で極小値をとるためには，式 (5.45) の括弧 [ ] の中が任意の $x \in (a,\ b)$ でゼロにならねばならない。すなわち，$y = f^*(x)$ は

$$\frac{\mathrm{d}}{\mathrm{d}x}\left(\frac{\partial F}{\partial y'}\right) - \frac{\partial F}{\partial y} = 0, \quad x \in (a,\ b) \tag{5.46}$$

を満たさなければならない。なぜなら，式 (5.46) が成立しないと，適当な増分 δy を選んで式 (5.45) 右辺を正か負の値のどちらでもとれるようにできる（この場合，$\delta I > 0$ となるように δy をとったとする）。そのとき，$\varepsilon > 0$ をさらに任意の微少量としてとり，$y = f^*(x) + \varepsilon \delta y$ とすると，式 (5.42) 右辺第二項が ε のオーダーとなり，第三項が ε^2 のオーダーとなるので，$I[y] = I[f^*] + \varepsilon \delta I + \mathcal{O}(\varepsilon^2)$ となり，$I[f^*]$ が極小値であったことに矛盾する。式 (5.46) を**オイラーの方程式**（Euler's equation）という。

はじめに考察した二次元平面内で与えた二点 P_1, P_2 を結ぶ最短経路問題を考えてみよう。この場合，$F = \sqrt{1 + (y')^2}$ と表されるので

$$\frac{\partial F}{\partial y} = 0, \quad \frac{\partial F}{\partial y'} = \frac{y'}{\sqrt{1 + (y')^2}} \tag{5.47}$$

64   5. 一般化座標と仮想仕事の原理

である。これらを式 (5.47) に代入すれば，この場合のオイラーの方程式は

$$\frac{\mathrm{d}}{\mathrm{d}x}\left(\frac{y'}{\sqrt{1+(y')^2}}\right) = 0 \tag{5.48}$$

となる。これより

$$\frac{y'}{\sqrt{1+(y')^2}} = \text{const.}, \quad y'(x) = \text{const.} = c \tag{5.49}$$

となり，極小値を与える曲線は直線 $y = cx + d$ で表されなければならないことがわかる。ここに定数 c, d は二点 P_1, P_2 の $x = a$, $x = b$ における y の値によって決まるが，この関係式を**二点境界値条件**（two-point boundary-value condition）という。図 5.8 に示す最速降下線問題を再考してみよう。この場合，汎関数の定数倍は問題の本質には関係しないので，$F = \sqrt{1+(y')^2}/x$ と置く。そのとき，$\partial F/\partial y = 0$ なので，オイラーの方程式は

$$\frac{\mathrm{d}}{\mathrm{d}x}\sqrt{\frac{(y')^2}{x\,(1+(y')^2)}} = 0, \quad \frac{(y')^2}{x\,(1+(y')^2)} = \text{const.} \tag{5.50}$$

となる。式 (5.50) 右辺の定数を $1/2a$ と置くと，簡単な計算から

$$(y')^2 = \frac{x}{2a - x} \tag{5.51}$$

となることがわかる。これより

$$\frac{\mathrm{d}y}{\mathrm{d}x} = \sqrt{\frac{x}{2a - x}} \tag{5.52}$$

となる。この微分方程式が表す曲線は，半径 a の円が y 軸に沿って転がるとき，その円周上の一点が描く軌道（これを**サイクロイド**（cycloid）という）として表すことができ，θ を回転角とすれば

$$x = a\,(1 - \cos\theta), \quad y = a\,(\theta - \sin\theta) \tag{5.53}$$

と表される。実際，このように表した曲線が式 (5.51) を満たすことを以下に示しておこう。まず，y' は式 (5.53) より

$$
y' = \frac{\mathrm{d}y}{\mathrm{d}x} = \frac{\mathrm{d}y}{\mathrm{d}\theta}\frac{\mathrm{d}\theta}{\mathrm{d}x} = a\left(1 - \cos\theta\right)\frac{\mathrm{d}\theta}{\mathrm{d}x}
$$

$$
= a\left(1 - \cos\theta\right)\frac{1}{\mathrm{d}x/\mathrm{d}\theta} = \frac{1 - \cos\theta}{\sin\theta} \tag{5.54}
$$

となることに注目する。これより

$$
(y')^2 = \frac{(1 - \cos\theta)^2}{\sin^2\theta} = \frac{(1 - \cos\theta)^2}{(1 - \cos\theta)(1 + \cos\theta)}
$$

$$
= \frac{1 - \cos\theta}{1 + \cos\theta} = \frac{x}{2a - x} \tag{5.55}
$$

となり，式 (5.51) が成立することが示された。

5.5　一般化力とラグランジュ乗数

　質点系の運動をデカルト座標系で記述するとき，質点 i の位置はベクトル $\boldsymbol{r}_i = [x_i,\ y_i,\ z_i]^{\mathrm{T}}$，速度は $\boldsymbol{v}_i = [\dot{x}_i,\ \dot{y}_i,\ \dot{z}_i]^{\mathrm{T}}$，運動量は $\boldsymbol{p}_i = [p_{ix},\ p_{iy},\ p_{iz}]^{\mathrm{T}}$ で表した（1 章参照）。運動エネルギーは，質点 i の質量を m_i で表して

$$
\mathcal{K} = \sum_{i=1}^{N} \frac{1}{2} m_i \left(\dot{x}_i^2 + \dot{y}_i^2 + \dot{z}_i^2 \right) \tag{5.56}
$$

と表した。ここでは質点の個数を N としたが，デカルト座標系では位置の変数は $3N$ 個となり，速度，運動量も $3N$ 個の変数としたが，5.1 節で考察したように，質点系の自由度は普通，$3N$ より小さい。5.1 節で議論したように，質点系の自由度は n であったとして，一般化座標を $q_1,\ q_2,\ \cdots,\ q_n$ で表しておこう。そのとき，$\boldsymbol{q} = [q_1,\ q_2,\ \cdots,\ q_n]^{\mathrm{T}}$ を**一般化位置ベクトル**，$\dot{\boldsymbol{q}} = [\dot{q}_1,\ \dot{q}_2,\ \cdots,\ \dot{q}_n]^{\mathrm{T}}$ を**一般化速度ベクトル**と呼ぶ。そこで，これら一般化座標とデカルト座標系の関係が，速度ベクトルや外力ベクトルにおいてどのように関与するか，その基本的な表現を与えておこう。

　上述したように，デカルト座標系で表した位置や速度の座標成分はそれぞれ $3N$ 個あるが，以下の議論では 3 個ずつを区別して表記する必要はないので，記法が煩雑にならないよう，$3N$ 個の座標成分に通し番号を付けて

$$x_1,\ x_2(=y_1),\ x_3(=z_1),\ x_4(=x_2),\ x_5(=y_2),\ \cdots$$

と表すことにし，$m=3N$ とする。速度成分についても同様に通し番号を付けた変数 $\dot{x}_1,\ \dot{x}_2,\ \cdots,\ \dot{x}_m$ を用いる。はじめに，デカルト座標系 x_i は一般化位置座標の関数として表されるはずであるから，それらを一般的に

$$x_i = x_i(q_1,\ q_2,\ \cdots,\ q_n) = x_i(\boldsymbol{q}) \quad (i=1,\ 2,\ \cdots,\ m) \tag{5.57}$$

と表しておこう。数学では，関数標記に $f_i(q_1,\ q_2,\ \cdots,\ q_n)$ を記号として用いるが，ここでは力学の慣習に従って f_i の代わりに x_i を関数標記に用いる。そこで，式 (5.57) を時間 t で微分すると

$$\frac{\mathrm{d}}{\mathrm{d}t}x_i = \sum_{j=1}^{n}\frac{\partial x_i}{\partial q_j}\frac{\mathrm{d}q_j}{\mathrm{d}t} \quad (i=1,\ 2,\ \cdots,\ m) \tag{5.58}$$

と表されることに注目する。これは簡便に

$$\dot{x}_i = \left(\frac{\partial x_i}{\partial \boldsymbol{q}}\right)^{\mathrm{T}}\dot{\boldsymbol{q}} \quad (i=1,\ 2,\ \cdots,\ m) \tag{5.59}$$

と表すことにする。ここで $\partial x_i/\partial \boldsymbol{q}$ は，x_i のベクトル $\boldsymbol{q}$ による勾配ベクトルと呼ばれるが，$(\partial x_i/\partial \boldsymbol{q})^{\mathrm{T}}$ は列ベクトル表示 $\partial x_i/\partial \boldsymbol{q}$ の転置を表しており，行ベクトル表示となっている。すなわち

$$\left(\frac{\partial x_i}{\partial \boldsymbol{q}}\right)^{\mathrm{T}} = \left[\frac{\partial x_i}{\partial q_1},\ \frac{\partial x_i}{\partial q_2},\ \cdots,\ \frac{\partial x_i}{q_n}\right]$$

である。式 (5.59) からわかるように，$\dot{x}_i$ は $q_1,\ \cdots,\ q_n$ と $\dot{q}_1,\ \cdots,\ \dot{q}_n$ に依存するので，その関数関係を

$$\dot{x}_i = \dot{x}_i(q_1,\ \cdots,\ q_n,\ \dot{q}_1,\ \cdots,\ \dot{q}_n) = \dot{x}_i(\boldsymbol{q},\ \dot{\boldsymbol{q}}) \tag{5.60}$$

と表すことにする。このとき，式 (5.58) や式 (5.59) で示されているように，$\dot{x}_i$ は $\dot{q}_1,\ \cdots,\ \dot{q}_n$ について一次式となるので，式 (5.58) を直接 $\dot{q}_j$ で偏微分することにより

$$\frac{\partial \dot{x}_i}{\partial \dot{q}_j} = \frac{\partial x_i}{\partial q_j} \quad (i = 1, \, 2, \, \cdots, \, m, \quad j = 1, \, 2, \, \cdots, \, n) \tag{5.61}$$

が成立することがわかる。式 (5.61) は，後述の 6.1 節で重要な役割を演じるが，本節ではダランベールの原理を表す式 (5.14) の中身をもっと詳細に見ていこう。

ダランベールの原理を適用すると，式 (5.5) で表される仮想仕事の原理は

$$\delta' \mathcal{W} = \sum_{i=1}^{N} \left(\boldsymbol{F}_i + \boldsymbol{S}_i - m_i \frac{\mathrm{d}^2 \boldsymbol{r}_i}{\mathrm{d}t^2}, \, \delta \boldsymbol{r}_i \right) = 0 \tag{5.62}$$

と書き表すことができる。これより，運動方程式 (5.7) が成立するが，力 $\boldsymbol{F}_i$ や拘束力 $\boldsymbol{S}_i$ についても通し番号 $F_1, \, F_2, \, \cdots, \, F_m, \, S_1, \, S_2, \, \cdots, \, S_m$ で表しておけば，式 (5.62) は

$$\sum_{i=1}^{m} (F_i + S_i - m_i \ddot{x}_i) \, \delta x_i = 0 \tag{5.63}$$

と表すことができる。ここで拘束力 S_i の表現式を導いておく。力学系の拘束は，普通，位置変数の間に k 個の拘束条件式として

$$f_l(x_1, \, x_2, \, \cdots, \, x_m) = 0 \quad (l = 1, \, 2, \, \cdots, \, k) \tag{5.64}$$

のように表される。図 5.2 の球面振り子の例では，$x_1 = x, \, x_2 = y, \, x_3 = z$ と表すので，拘束式は以下のようになる。

$$f_1(x_1, \, x_2, \, x_3) = \sqrt{x_1^2 + x_2^2 + x_3^2} - l = 0 \tag{5.65}$$

数学でよく知られているように，全微分の公式によって，微小変位は

$$\delta f_l = \sum_{i=1}^{m} \frac{\partial f_l}{\partial x_i} \delta x_i = 0 \quad (l = 1, \, 2, \, \cdots, \, k) \tag{5.66}$$

を満たさなければならない。式 (5.66) に適当な乗数 λ_l を掛けても右辺はゼロであり，それらを l について和をとってもゼロであるから

$$\sum_{i=1}^{m} \left(\sum_{l=1}^{k} \lambda_l \frac{\partial f_l}{\partial x_i} \right) \delta x_i = 0 \tag{5.67}$$

が成立する。他方，拘束がなめらかであれば，拘束力は仕事をしないはずであるから

$$\sum_{i=1}^{m} S_i \delta x_i = 0 \tag{5.68}$$

となるが，式 (5.68) を式 (5.67) と対比させることにより

$$S_i = \sum_{l=1}^{k} \lambda_l \frac{\partial f_l}{\partial x_i} \quad (i = 1,\ 2,\ \cdots,\ m) \tag{5.69}$$

と表されるはずである。これより式 (5.63) は

$$\sum_{i=1}^{m} \left(F_i - m_i \ddot{x}_i + \sum_{l=1}^{k} \lambda_l \frac{\partial f_l}{\partial x_i} \right) \delta x_i = 0 \tag{5.70}$$

と書き改めることができる。ここで m 個の δx_i は k 個の拘束条件を満たさなければならないので，すべて独立にとれるわけではない。独立に選べる微小変位の数は，$(m-k)$ 個であり，残りの k 個は式 (5.64) を用いてはじめに選んだ $(m-k)$ 個の δx_i の関係式として表されなければならない。そこで，通し番号を付け替えて，独立ではない k 個を $j = 1,\ 2,\ \cdots,\ k$ と選ぶこととし，未定であった λ_l を

$$F_i = m_i \ddot{x}_i + \sum_{l=1}^{k} \lambda_l \frac{\partial f_l}{\partial x_i} = 0 \quad (i = 1,\ 2,\ \cdots,\ k) \tag{5.71}$$

が満たされるように選ぶ。そのとき，残りの式は

$$\sum_{i=k+1}^{m} \left(F_i - m_i \ddot{x}_i + \sum_{l=1}^{k} \lambda_l \frac{\partial f_l}{\partial x_i} \right) \delta x_i = 0 \tag{5.72}$$

と表される。$(m-k)$ 個の微小変位は独立に選べるので，式 (5.72) の左辺の和の中の $(m-k)$ 個の括弧の中身は，それぞれがゼロでなければならない。すなわち

$$F_i - m_i \ddot{x}_i + \sum_{i=1}^{k} \lambda_l \frac{\partial f_l}{\partial x_i} = 0 \quad (i = k+1,\ k+2,\cdots,\ m) \tag{5.73}$$

が成立する。こうして式 (5.71) と式 (5.73) をまとめると，すべての i に対して

$$m_i\ddot{x}_i = F_i + \sum_{l=1}^{k} \lambda_l \frac{\partial f_l}{\partial x_i} \quad (i = 1, 2, \cdots, m) \tag{5.74}$$

が成立する。これを**第一種ラグランジュ運動方程式**（Lagrange's equation of the first kind）と呼ぶ。また，乗数 λ_l を**ラグランジュ乗数**（Lagrange's multipliers）と呼ぶことがある。

最後に，式 (5.70) 左辺の表現の一部を，一般化座標を用いて書き直せるかどうか試みておこう。そのため，全微分の公式

$$\delta x_i = \sum_{j=1}^{n} \frac{\partial x_i}{\partial q_j} \delta q_j \quad (i = 1, 2, \cdots, m) \tag{5.75}$$

に注目する。これより，式 (5.70) 左辺第一項は

$$\begin{aligned}
\sum_{i=1}^{m} F_i \delta x_i &= \sum_{i=1}^{m} \sum_{j=1}^{n} \left(F_i \frac{\partial x_i}{\partial q_j} \right) \delta q_j \\
&= \sum_{j=1}^{n} \left(\sum_{i=1}^{m} F_i \frac{\partial x_i}{\partial q_j} \right) \delta q_j
\end{aligned} \tag{5.76}$$

と表すことができる。そこで

$$Q_j = \sum_{i=1}^{m} F_i \frac{\partial x_i}{\partial q_j} = \left(\frac{\partial \boldsymbol{x}}{\partial q_j} \right)^{\mathrm{T}} \boldsymbol{F} \tag{5.77}$$

と置き，Q_j を一般化座標 q_j に対応して**一般化力**（generalized force）と呼ぶ。式 (5.70) 左辺第三項は，一般に

$$\frac{\partial f_l}{\partial q_j} = \sum_{i=1}^{m} \frac{\partial f_l}{\partial x_i} \frac{\partial x_i}{\partial q_j} \quad (j = 1, 2, \cdots, n) \tag{5.78}$$

が成立することから

$$\begin{aligned}
\sum_{i=1}^{m} \left(\sum_{l=1}^{k} \lambda_l \frac{\partial f_l}{\partial x_i} \right) \delta x_i &= \sum_{i=1}^{m} \left(\sum_{l=1}^{k} \lambda_l \frac{\partial f_l}{\partial x_i} \right) \sum_{j=1}^{n} \frac{\partial x_i}{\partial q_j} \delta q_j \\
&= \sum_{j=1}^{n} \left(\sum_{l=1}^{k} \lambda_l \sum_{i=1}^{m} \frac{\partial f_l}{\partial x_i} \frac{\partial x_i}{\partial q_j} \right) \delta q_j
\end{aligned}$$

70   5. 一般化座標と仮想仕事の原理

$$= \sum_{j=1}^{n} \left(\sum_{l=1}^{k} \lambda_l \frac{\partial f_l}{\partial q_j} \right) \delta q_j \tag{5.79}$$

と表すことができる。

なお，式 (5.70) 左辺第二項を一般化座標で書き改めるには，より詳細な考察が必要になる。このことは，6 章の 6.1 節で明らかにする。また，図 5.2 の球面振り子について，張力の大きさ S と拘束式 (5.65) に基づいて導入したラグランジュ乗数 λ_l には明白な関係があるが，これは 6.2 節で詳述する。

章 末 問 題

【1】 式 (5.50) から式 (5.51) が成立することを示せ。

【2】 独立変数を x として，関数 $y(x)$ とその微分 $y'(x)$ の関数

$$F(x,\ y(x),\ y'(x)) = \frac{1}{2} I (y')^2 - Mgl \cos y$$

に関する積分（式 (5.39)）について，オイラーの方程式を求めよ。

6 ラグランジュの運動方程式

　ニュートンの法則に基づいて運動方程式を導くことができても，変数の数より
も自由度が小さくなると，方程式を解くことはおろか，数値解法を見出すことも
難しい場合が起こる。そこで，力学系の自由度に等しい数の変数からなる一般
化座標に基づいて，必要十分な運動方程式を導いておくことが重要になる。こ
れがラグランジュの運動方程式であり，その定式化から，ハミルトンの原理や，
エネルギー保存則，最小作用の原理を導くことができる。また，ダランベール
の原理に基づく変分原理によって，多種多様な力学系が解析できる。本節では，
これらを例題に沿って説明していく。

6.1　ラグランジュの運動方程式

　仮想仕事の原理とダランベールの原理に基づいて，力学系の運動に関するラ
グランジュの運動方程式を導く。力学系の自由度を n とし，一般化位置座標を
$\boldsymbol{q} = [q_1,\ q_2,\ \cdots,\ q_n]^{\mathrm{T}}$ で表し，仮想変位を $\delta\boldsymbol{q} = [\delta q_1,\ \delta q_2,\ \cdots,\ \delta q_n]^{\mathrm{T}}$ で表
す。5.5 節の式 (5.63) はダランベールの原理そのものを表すが，この式を出発
点とするので，ここで以下に再記しておく。

$$\sum_{i=1}^{m} (F_i + S_i - m_i \ddot{x}_i)\, \delta x_i = 0 \tag{6.1}$$

ここでは，x_i が $q_1,\ q_2,\ \cdots,\ q_n$ ばかりか，時間 t にも依存している場合も扱
えるように，x_i は $\boldsymbol{q}$ と t の関数 $x_i = x_i(\boldsymbol{q},\ t)$ であると考える。したがって，
x_i の時間微分は

$$\frac{\mathrm{d}}{\mathrm{d}t}x_i = \dot{x}_i = \frac{\partial x_i}{\partial t} + \sum_{j=1}^{n} \frac{\partial x_i}{\partial q_j}\dot{q}_j \quad (i = 1, 2, \cdots, m) \tag{6.2}$$

と表される。この式の両辺を $\dot{q}_i$ で偏微分することにより，式 (5.58) と同じ式

$$\frac{\partial \dot{x}_i}{\partial \dot{q}_j} = \frac{\partial x_i}{\partial q_j} \quad (i = 1, 2, \cdots, m, \quad j = 1, 2, \cdots, n) \tag{6.3}$$

が成立することに注意しておく。ついで式 (6.2) を q_j で偏微分すると

$$\begin{aligned}
\frac{\partial \dot{x}_i}{\partial q_j} &= \frac{\partial^2 x_i}{\partial q_j \partial t} + \sum_{k=1}^{n} \frac{\partial^2 x_i}{\partial q_j \partial q_k}\dot{q}_k \\
&= \frac{\partial}{\partial t}\left(\frac{\partial x_i}{\partial q_j}\right) + \sum_{k=1}^{n} \frac{\partial}{\partial q_k}\left(\frac{\partial x_i}{\partial q_j}\right)\dot{q}_k \\
&= \frac{\mathrm{d}}{\mathrm{d}t}\left(\frac{\partial x_i}{\partial q_j}\right)
\end{aligned} \tag{6.4}$$

となる。また，$\dot{x}_i^2$ を $\dot{q}_j$ で偏微分し，さらに t で微分すると，式 (6.3) と式 (6.4) を用いて

$$\begin{aligned}
\frac{\mathrm{d}}{\mathrm{d}t}\left(\frac{\partial \dot{x}_i^2}{\partial \dot{q}_j}\right) &= \frac{\mathrm{d}}{\mathrm{d}t}\left(2\dot{x}_i\frac{\partial \dot{x}_i}{\partial \dot{q}_j}\right) = \frac{\mathrm{d}}{\mathrm{d}t}\left(2\dot{x}_i\frac{\partial x_i}{\partial q_j}\right) \\
&= 2\ddot{x}_i\frac{\partial x_i}{\partial q_j} + 2\dot{x}_i\frac{\mathrm{d}}{\mathrm{d}t}\left(\frac{\partial x_i}{\partial q_j}\right) \\
&= 2\ddot{x}_i\frac{\partial x_i}{\partial q_j} + \frac{\partial \dot{x}_i^2}{\partial q_j}
\end{aligned} \tag{6.5}$$

となることに注意する。また，ここで仮想変位 δx_i の $i = 1, 2, \cdots, m$ の全体は冗長なので（普通は $m > n$），必要十分な自由度 n の仮想変位 δq_j $(j = 1, 2, \cdots, n)$ を用いて

$$\delta x_j = \sum_{j=1}^{n} \frac{\partial x_j}{\partial q_j}\delta q_j \tag{6.6}$$

と選んでもよいことに注意する。そこで式 (6.1) の $m_i\ddot{x}_i\delta x_i$ の総和項をつぎのように書き直す。

$$\sum_{i=1}^{m} m_i \ddot{x}_i \delta x_i = \sum_{i=1}^{m} m_i \ddot{x}_i \sum_{j=1}^{n} \frac{\partial x_i}{\partial q_j} \delta q_j \tag{6.7}$$

これは，式 (6.5) を適用してつぎのように書き直せる。

$$\sum_{i=1}^{m} m_i \ddot{x}_i \delta x_i = \sum_{j=1}^{n} \left\{ \sum_{i=1}^{m} \frac{1}{2} m_i \frac{\mathrm{d}}{\mathrm{d}t} \left(\frac{\partial \dot{x}_i^2}{\partial \dot{q}_j} \right) - \frac{1}{2} m_i \frac{\partial \dot{x}_i^2}{\partial q_j} \right\} \delta q_j$$

$$= \sum_{j=1}^{n} \left\{ \frac{\mathrm{d}}{\mathrm{d}t} \left(\frac{\partial \mathcal{K}}{\partial \dot{q}_j} \right) - \frac{\partial \mathcal{K}}{\partial q_j} \right\} \delta q_j \tag{6.8}$$

ここで運動エネルギーを

$$\mathcal{K} = \frac{1}{2} \sum_{i=1}^{m} m_i \dot{x}_i^2 \tag{6.9}$$

と表していることに注意しておく。つぎに，式 (6.1) の F_i と S_i の項について，式 (5.73) と式 (5.74) から

$$\sum_{i=1}^{m} F_i \delta x_i = \sum_{j=1}^{n} Q_j \delta q_j \tag{6.10}$$

が成立し，また，式 (5.66) と式 (5.76) から

$$\sum_{i=1}^{m} S_i \delta x_i = \sum_{i=1}^{m} \left(\sum_{l=1}^{k} \lambda_l \frac{\partial f_l}{\partial x_i} \right) \delta x_i$$

$$= \sum_{j=1}^{n} \sum_{l=1}^{k} \left(\lambda_l \frac{\partial f_l}{\partial q_j} \right) \delta q_j \tag{6.11}$$

が成立していることに注目する。以上，式 (6.8)，(6.10)，(6.11) を式 (6.1) に代入することにより

$$\sum_{j=1}^{n} \left\{ Q_j + \sum_{l=1}^{k} \lambda_l \frac{\partial f_l}{\partial q_j} - \frac{\mathrm{d}}{\mathrm{d}t} \left(\frac{\partial \mathcal{K}}{\partial \dot{q}_j} \right) + \frac{\partial \mathcal{K}}{\partial q_j} \right\} \delta q_j = 0 \tag{6.12}$$

を得る。

ここでは，外力 F_i が保存力のみであり，ポテンシャル $\mathcal{U}$ によって

74   6. ラグランジュの運動方程式

$$F_i = -\frac{\partial \mathcal{U}}{\partial x_i} \tag{6.13}$$

と表される場合を考えよう（4.2 節参照）。このとき，一般化力は式 (5.73) と式 (5.74) から

$$Q_j = \sum_{i=1}^{m} \left(-\frac{\partial \mathcal{U}}{\partial x_i} \right) \frac{\partial x_i}{\partial q_j} = -\frac{\partial \mathcal{U}}{\partial q_j} \tag{6.14}$$

と表される。ポテンシャル $\mathcal{U}$ は速度変数に依存しないので $\dot{q}_j$ を含まない。したがって

$$\frac{\partial (\mathcal{K} - \mathcal{U})}{\partial \dot{q}_j} = \frac{\partial \mathcal{K}}{\partial \dot{q}_j} \quad (i = 1, 2, \cdots, n) \tag{6.15}$$

である。この $\mathcal{K} - \mathcal{U}$ は t, $\boldsymbol{q}$, $\dot{\boldsymbol{q}}$ に依存するスカラ関数なので（t に依存するのは x_i が $x_i(t, \boldsymbol{q})$ と表されることを許容するとしているから）

$$\mathcal{L}(\boldsymbol{q}, \dot{\boldsymbol{q}}, t) = \mathcal{K} - \mathcal{U} \tag{6.16}$$

と置けば，式 (6.12) は

$$\sum_{j=1}^{n} \left\{ \sum_{l=1}^{k} \lambda_l \frac{\partial f_l}{\partial q_j} - \frac{\mathrm{d}}{\mathrm{d}t} \left(\frac{\partial \mathcal{L}}{\partial \dot{q}_j} \right) + \frac{\partial \mathcal{L}}{\partial q_j} \right\} \delta q_j = 0 \tag{6.17}$$

と表される。いま，考えている力学系に対して仮想変位 δq_1, δq_2, $\cdots$, δq_n が独立に選べるとすると，式 (6.17) が任意の δq_j について成立せねばならないので

$$\frac{\mathrm{d}}{\mathrm{d}t} \left(\frac{\partial \mathcal{L}}{\partial \dot{q}_j} \right) - \frac{\partial \mathcal{L}}{\partial q_j} - \sum_{l=1}^{k} \lambda_l \frac{\partial f_l}{\partial q_j} = 0 \quad (j = 1, 2, \cdots, n) \tag{6.18}$$

が成立する。これを**ラグランジュの運動方程式**（Lagrange's equation of motion）と呼ぶ。また，式 (6.16) で定義したスカラ関数 $\mathcal{L}(\boldsymbol{q}, \dot{\boldsymbol{q}}, t)$ を**ラグランジアン**（Lagrangian）と呼ぶ。

図 **6.1** に示す支点移動を許す単振り子について，具体的にラグランジュの運動方程式を導いてみよう。振り子の運動は二次元垂直平面 O–xy に限るとして，

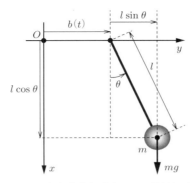

図 6.1 支点移動を受けている単振り子の運動

重力方向に x 軸をとり，支点 P が移動する水平方向を y 軸とする．支点 P の位置を $y = b(t)$ とし，その速度を $\dot{b}(t)$，加速度を $\ddot{b}(t)$ で表すこととする．この力学系では支点 P が移動するので，二次元デカルト座標系 $[x, y]$ を選ぶと，自由度は 2 であるように見える．しかし，ここでは支点移動の加速度 $\ddot{b}(t)$ が自由に決められるとするので，この力学系の自由度は 1 になる．そのことを含めて，ラグランジュの運動方程式を二通りの方法で求めてみる．

振り子のワイヤーはつねに張っており，長さ l は保たれていると仮定し，傾き角を θ で表すこととする（図 6.1）．はじめに第一種ラグランジュ運動方程式を二次元デカルト座標系 $[x, y]$ に基づいて導こう．振り子の拘束式はただ一つ ($k = 1$)

$$f_1(x,\ y,\ t) = \sqrt{x^2 + \{y - b(t)\}^2} - l = 0 \tag{6.19}$$

と定められる．なお，この拘束式には時間 t が陽に入っているので，このような場合にも 5.5 節の議論がそのまま適用でき，ラグランジュの運動方程式として式 (5.71) や式 (6.18) が成立することに注意しておこう．ここでは，$x_1 = x$，$x_2 = y$ であり，そして

76   6. ラグランジュの運動方程式

$$\begin{cases} \dfrac{\partial f_1}{\partial x} = \dfrac{x}{\sqrt{x^2 + \{y - b(t)\}^2}} = \dfrac{x}{l} \\[4mm] \dfrac{\partial f_1}{\partial y} = \dfrac{y - b(t)}{l} \end{cases} \tag{6.20}$$

となるので，第一種ラグランジュ運動方程式 (5.71) はつぎのようになる。

$$\begin{cases} m\ddot{x} = mg + \lambda\dfrac{x}{l} \\[4mm] m\ddot{y} = \lambda\dfrac{y - b(t)}{l} \end{cases} \tag{6.21}$$

ここで λ は拘束式 $f_1(x,\ y,\ t) = 0$ に対応するラグランジュ乗数である。力学系の運動は拘束式 (6.19) と微分方程式 (6.21) で決まり，自由度は 1 となるはずであるが，ラグランジュ乗数がどのように定まるか見てとりにくい。この問題は後回しにして，一般化座標を傾き角 θ のみとして，ラグランジュの運動方程式を求めてみよう。図 6.1 に示すように，質点 m の位置は

$$x = l\cos\theta, \quad y = l\sin\theta + b(t) \tag{6.22}$$

で表されるので，これらを時間 t で微分すると

$$\dot{x} = -l\dot{\theta}\cos\theta, \quad \dot{y} = l\dot{\theta}\cos\theta + \dot{b}(t) \tag{6.23}$$

となる。したがって運動エネルギーは

$$\mathcal{K} = \frac{m}{2}\left(\dot{x}^2 + \dot{y}^2\right) = \frac{m}{2}l^2\dot{\theta}^2 + ml\dot{\theta}\dot{b}(t)\cos\theta + \frac{m}{2}\left\{\dot{b}(t)\right\}^2 \tag{6.24}$$

と表される。一方，ポテンシャルは

$$\mathcal{U} = -mgx = -mlg\cos\theta \tag{6.25}$$

となる。こうして，ラグランジアン $\mathcal{L}(\theta,\ \dot{\theta},\ t) = \mathcal{K} - \mathcal{U}$ を構成し，$q_1 = \theta$，$\dot{q}_1 = \dot{\theta}$ として式 (6.18) を書き下すため，つぎのような計算を行う。

$$\frac{\mathrm{d}}{\mathrm{d}t}\left(\frac{\partial\mathcal{L}}{\partial\dot{\theta}}\right) = \frac{\mathrm{d}}{\mathrm{d}t}\left(ml^2\dot{\theta} + ml\dot{b}(t)\cos\theta\right)$$

$$= ml^2\ddot{\theta} - ml\dot{b}(t)\dot{\theta}\sin\theta + ml\ddot{b}(t)\cos\theta \tag{6.26}$$

$$\frac{\partial \mathcal{L}}{\partial \theta} = ml\dot{\theta}\dot{b}(t)\sin\theta + mlg\sin\theta \tag{6.27}$$

拘束式は，この場合考慮しなくてもよいので（実際，$f_1 = \sqrt{l^2\sin^2\theta + l^2\cos^2\theta} - l = l - l = 0$ となり，$\partial f_1/\partial\theta = 0$ となる），式 (6.18) は

$$ml^2\ddot{\theta} + mly\sin\theta + ml\ddot{b}(t)\cos\theta = 0 \tag{6.28}$$

と表される。両辺を ml^2 で割り，左辺第三項を右辺に移項すると，運動方程式

$$\ddot{\theta} + \frac{g}{l}\sin\theta = -\frac{\ddot{b}(t)}{l}\cos\theta \tag{6.29}$$

が求まる。この例において，傾き角 θ が十分小さく $\sin\theta \approx \theta$, $\cos\theta \approx 1$ と近似でき，$b(t) = A\cos\omega t$ とするとき，式 (6.29) は

$$\ddot{\theta} + \frac{g}{l}\theta = \frac{A\omega^2}{l}\cos\omega t \tag{6.30}$$

と表される。これはよく知られた強制振動の式にほかならない。強制項の ω が角振動数 $\omega_0 = \sqrt{g/l}$ に近いとき，式 (6.30) の解 $\theta(t)$ は時間 t に比例して振幅を大きくする振動になることが知られている。

前に帰って，拘束式 (6.19) と式 (6.21) が単一の運動方程式 (6.28)（あるいは式 (6.29)）と同等になることを確かめておこう。そのため，$w = y - b(t)$ と置いて，式 (6.21) をつぎのように書き改めておく。

$$\begin{cases} m\ddot{x} = mg + \dfrac{\lambda x}{l} \\ m\ddot{w} + m\ddot{b}(t) = \dfrac{\lambda w}{l} \end{cases} \tag{6.31}$$

式 (6.31) の上の式に $-w$ を乗じ，下の式に x を乗じて和をとると，次式を得る（λ の項が消える）。

$$m\left(x\ddot{w} - w\ddot{x}\right) + m\ddot{b}(t)x = -mgw \tag{6.32}$$

そこで $x = l\cos\theta$, $w = l\sin\theta$ として

78   6. ラグランジュの運動方程式

$$x\ddot{w} - w\ddot{x} = l^2 \left\{ \left(\ddot{\theta}\cos\theta - \dot{\theta}^2\sin\theta \right)\cos\theta - \left(-\ddot{\theta}\sin\theta - \dot{\theta}^2\cos\theta \right)\sin\theta \right\}$$
$$= l^2\ddot{\theta} \tag{6.33}$$

が成立することに注意すると, 式 (6.32) は

$$ml^2\ddot{\theta} + ml\ddot{b}(t)\cos\theta = -mlg\sin\theta \tag{6.34}$$

となる。これは式 (6.28) と同等である。

最後にラグランジュ乗数 λ を求めておこう。式 (6.31) の上式に x を乗じ, 下の式に w を乗じて和をとると, つぎのようになる。

$$m\left(\ddot{x}x + \ddot{w}w\right) + m\ddot{b}(t)w = mgx + \lambda\frac{x^2 + w^2}{l} \tag{6.35}$$

ここで $x = l\cos\theta,\ w = l\sin\theta$ と置き

$$\ddot{x}x + \ddot{w}w = -l^2\dot{\theta}^2 \tag{6.36}$$

が成立することを確かめると, 式 (6.35) は l で割って

$$\lambda = -ml\dot{\theta}^2 - mg\cos\theta + m\ddot{b}(t)\sin\theta \tag{6.37}$$

に帰着する。式 (6.37) 右辺はワイヤー張力に相当することを確かめられたい。

6.2 ハミルトンの原理

前節で導いたラグランジュの運動方程式 (6.18) は, 5.4 節で導いたオイラーの方程式 (5.46) と形式が一致していることに注意しよう。5.4 節では, 独立変数 x の関数 $y = f(x)$ に関する汎関数について変分をとったが, もっと一般に複数個の関数 $y_1 = f_1(x),\ y_2 = f_2(x),\ \cdots,\ y_n = f_n(x)$ (それらは n 次元空間の一つの曲線と見なす) があって, それらの導関数にも依存する関数 $F(x,\ y_1,\ y_2,\ \cdots,\ y_n,\ y_1',\ y_2',\ \cdots,\ y_n')$ の積分

$$I = \int_a^b F(x, y_1, y_2, \cdots, y_n, y_1', y_2', \cdots, y_n')\mathrm{d}x \tag{6.38}$$

を極小にする関数 $y_i = f_i(x)$ $(i = 1, 2, \cdots, n)$ を決める変分問題を考えると，同様に n 個の連立したオイラーの方程式

$$\frac{\mathrm{d}}{\mathrm{d}x}\left(\frac{\partial F}{\partial y_i'}\right) - \frac{\partial F}{\partial y_i} = 0 \quad (i = 1, 2, \cdots, n) \tag{6.39}$$

を導くことができる。

ラグランジュの運動方程式 (6.18) は，拘束がない場合 $(k = 0)$，オイラーの方程式 (6.39) とそっくりな形式で表されている。実際，記法の対応関係

$$F \longleftrightarrow L$$

$$x \longleftrightarrow t$$

$$y_i(x) \longleftrightarrow q_i(t)$$

$$y_i'(x) \longleftrightarrow \dot{q}_i(t)$$

のもとに，式 (6.18) は式 (6.39) に一致する。このことから，ラグランジュの運動方程式は，任意の固定区間 $[t_0, t_1]$ 上のラグランジアンの積分に関する変分（線形汎関数）がゼロになること，すなわち

$$\delta I = \delta \int_{t_0}^{t_1} \mathcal{L}\left(q_1, q_2, \cdots, q_n, \dot{q}_1, \dot{q}_2, \cdots, \dot{q}_n, t\right)\mathrm{d}t$$

$$= \int_{t_0}^{t_1} \sum_{i=1}^{n}\left[\frac{\partial \mathcal{L}}{\partial q_i} - \frac{\mathrm{d}}{\mathrm{d}t}\left(\frac{\partial \mathcal{L}}{\partial \dot{q}_i}\right)\right]\delta q_i \mathrm{d}t \tag{6.40}$$

から導かれるオイラーの方程式にほかならないことがわかる。ただし，式 (6.40) の積分の上限 t_1 と下限 t_0 は運動の途中のどの時刻でもよい。すなわち，ラグランジュの運動方程式に従う運動（ニュートンの運動の法則に従う運動と同じ）は，ラグランジアンの積分

$$I[t_0, t_1] = \int_{t_0}^{t_1} \mathcal{L}\left(q_1, q_2, \cdots, q_n, \dot{q}_1, \dot{q}_2, \cdots, \dot{q}_n, t\right)\mathrm{d}t \tag{6.41}$$

80   6. ラグランジュの運動方程式

の停留値（極小値あるいは極大値）をとるように実現する。つまり，実現する
運動は

$$\frac{\partial \mathcal{L}}{\partial q_i} - \frac{\mathrm{d}}{\mathrm{d}t}\left(\frac{\partial \mathcal{L}}{\partial \dot{q}_i}\right) = 0 \tag{6.42}$$

を満足するようなものであり，このことを**ハミルトンの原理**（Hamilton's principle）という。

　ハミルトンの原理は，普通には保存力以外に外力の作用がない場合を想定している。拘束式として式 (5.64) が課せられている場合にも想定できるが，さらに外力がある場合にはダランベールの原理に基づく取扱いが必要になるので，これらは 6.5 節で述べる。

　5.1 節で述べた球面振り子を例にとってハミルトンの原理が成立するプロセスを追ってみよう。図 5.2 に例示したように，一般化座標として $q_1 = \theta$, $q_2 = \phi$ を用い，$\boldsymbol{q} = [q_1, \ q_2]^{\mathrm{T}} = [\theta, \ \phi]^{\mathrm{T}}$ とする。このとき，$r = l\sin\phi$ であり，錘の重心位置は

$$[x, \ y, \ z] = [r\cos\theta, \ r\sin\theta, \ -l\cos\phi] \tag{6.43}$$

と表される。したがって

$$\begin{cases} \dot{x} = \dot{r}\cos\theta - r\dot{\theta}\sin\theta \\ \quad = l\,(\cos\phi\cos\theta)\,\dot{\phi} - l\,(\sin\phi\sin\theta)\,\dot{\theta} \\ \dot{y} = l\,(\cos\phi\sin\theta)\,\dot{\phi} + l\,(\sin\phi\cos\theta)\,\dot{\theta} \\ \dot{z} = l\,(\sin\phi)\,\dot{\phi} \end{cases} \tag{6.44}$$

となる。そこで運動エネルギー $\mathcal{K}$ を求めると

$$\begin{aligned} \mathcal{K} &= \frac{m}{2}\left(\dot{x}^2 + \dot{y}^2 + \dot{z}^2\right) \\ &= \frac{ml^2}{2}\left(\dot{\phi}^2 + \dot{\theta}^2\sin^2\phi\right) \end{aligned} \tag{6.45}$$

となる。ポテンシャル $\mathcal{U}$ は

$$\mathcal{U} = mgz = -mgl\cos\phi \tag{6.46}$$

であり，こうしてラグランジアン $\mathcal{L}$ はつぎのように表される。

$$\mathcal{L} = \mathcal{K} - \mathcal{U} = \frac{ml^2}{2}\left(\dot{\phi}^2 + \dot{\theta}^2\sin^2\phi\right) + mgl\cos\phi \tag{6.47}$$

これより，ラグランジュの運動方程式は

$$\begin{cases} \left(ml^2\sin^2\phi\right)\ddot{\theta} + 2ml^2\left(\sin\phi\cos\phi\right)\dot{\phi}\dot{\theta} = 0 \\ ml^2\ddot{\phi} - ml^2\left(\sin\phi\cos\phi\right)\dot{\theta}^2 + mgl\sin\phi = 0 \end{cases} \tag{6.48}$$

となる。式 (6.48) はハミルトンの原理を満たすが，その解（運動あるいは曲線と考えてもよい）は多様にありうる。例えば，ある時間区間にわたって $\dot{\theta} = 0$ である運動は，$\theta(t) = \mathrm{const.}$ であり，したがって式 (6.48) の上式は消え，下式は

$$ml^2\ddot{\phi} + mgl\sin\phi = 0 \tag{6.49}$$

となる。これは単振り子の運動方程式と等しい。また，$\dot{\phi} = 0$ である運動は，式 (6.48) の上式から $\ddot{\theta} = 0$，$\dot{\theta} = \mathrm{const.}$ となり，下式より $\ddot{\phi} = 0$ となるので，$\dot{\theta} = \mathrm{const.} = \omega$ と置くと，$\omega = \sqrt{g/l\cos\phi}$ となり，円錐振り子の周期に一致する。

6.3　エネルギー保存則

すでに 4.3 節で例示されているように，ニュートンの運動の法則に従う質点系の運動では，エネルギー保存則が成立する。そのことは，座標系の選び方によらず成立するはずである。本節では，エネルギー保存則をラグランジュの運動方程式から直接導く。ただし，ラグランジアン $\mathcal{L}$ は一般化座標の位置ベクトル $\boldsymbol{q}$ と速度ベクトル $\dot{\boldsymbol{q}}$ のみの関数であり，時間 t に直接は依存しないとする。このとき，ラグランジアン $\mathcal{L}$ を t で微分すると

82   6. ラグランジュの運動方程式

$$\frac{\mathrm{d}}{\mathrm{d}t}\mathcal{L} = \sum_{i=1}^{n} \frac{\partial \mathcal{L}}{\partial q_i}\dot{q}_i + \sum_{i=1}^{n} \frac{\partial \mathcal{L}}{\partial \dot{q}_i}\ddot{q}_i \tag{6.50}$$

となる。ラグランジュの運動方程式 (6.42) から，$\partial \mathcal{L}/\partial q_i$ は $\mathrm{d}\left(\partial \mathcal{L}/\partial \dot{q}_i\right)/\mathrm{d}t$ に等しいので，この関係式を式 (6.50) 右辺に代入すると

$$\frac{\mathrm{d}}{\mathrm{d}t}\mathcal{L} = \sum_{i=1}^{n}\left\{\dot{q}_i\frac{\mathrm{d}}{\mathrm{d}t}\left(\frac{\partial \mathcal{L}}{\partial \dot{q}_i}\right) + \ddot{q}_i\frac{\partial \mathcal{L}}{\partial \dot{q}_i}\right\} \tag{6.51}$$

を得る。右辺の括弧 { } の中は，まさしく形式

$$\frac{\mathrm{d}}{\mathrm{d}t}\left(\dot{q}_i\frac{\partial \mathcal{L}}{\partial \dot{q}_i}\right) \tag{6.52}$$

を表すので，式 (6.50) は結局，つぎの表現式と同じことになる。

$$\frac{\mathrm{d}}{\mathrm{d}t}\left\{\left(\sum_{i=1}^{n}\dot{q}_i\frac{\partial \mathcal{L}}{\partial \dot{q}_i}\right) - \mathcal{L}\right\} = 0 \tag{6.53}$$

式 (6.53) は左辺の括弧 { } の中が一定であることを表すので，この定数を $\mathcal{E}$ と置くと

$$\left(\sum_{i=1}^{n}\dot{q}_i\frac{\partial \mathcal{L}}{\partial \dot{q}_i}\right) - \mathcal{L} = \mathcal{E} \tag{6.54}$$

となる。ここでラグランジアン $\mathcal{L}$ が $\mathcal{L} = \mathcal{K} - \mathcal{U}$ と定義されることを思い起こそう。ポテンシャル $\mathcal{U}$ は $\dot{q}_i$ によらず，また運動エネルギー $\mathcal{K}$ は $\dot{q}_i$ $(i = 1, 2, \cdots, n)$ の二次形式で表されるので，次式が成立する。

$$\sum_{i=1}^{n}\dot{q}_i\frac{\partial \mathcal{L}}{\partial \dot{q}_i} = \sum_{i=1}^{n}\dot{q}_i\frac{\partial \mathcal{K}}{\partial \dot{q}_i} = 2\mathcal{K} \tag{6.55}$$

式 (6.55) と $\mathcal{L} = \mathcal{K} - \mathcal{U}$ を式 (6.54) に代入すると

$$2\mathcal{K} - (\mathcal{K} - \mathcal{U}) = \mathcal{E} \tag{6.56}$$

を得る。すなわち

$$\mathcal{K} + \mathcal{U} = \mathcal{E} = \mathrm{const.} \tag{6.57}$$

6.3 エネルギー保存則　　83

となる。左辺の $\mathcal{K}+\mathcal{U}$ をいま考えている力学系の**全エネルギー**（total energy）と呼ぶが，式 (6.57) は全エネルギーが一定であることを表しており，このことを**エネルギー保存則**（law of energy conservation）という。

2 章で述べた単振り子（図 2.5 参照）の例では，運動方程式は傾き角 θ のみからなる一般化座標を用いて（ここでは，r を l で置き換えている）

$$ml^2\ddot{\theta} + mgl\sin\theta = 0 \tag{6.58}$$

と表された。この例では，式 (6.58) の両辺に $\dot{\theta}$ を掛けることにより

$$ml^2\dot{\theta}\ddot{\theta} + mgl\dot{\theta}\sin\theta = 0 \tag{6.59}$$

を得るが，これは明らかに

$$\frac{\mathrm{d}}{\mathrm{d}t}\left(\frac{1}{2}ml^2\dot{\theta}^2 - mgl\cos\theta\right) = 0 \tag{6.60}$$

が成立することを示している。式 (6.60) の括弧 { } の中は，全エネルギー $\mathcal{K}+\mathcal{U}$ を表しているので

$$\mathcal{K}+\mathcal{U} = \frac{m}{2}l^2\dot{\theta}^2 - mgl\cos\theta = \mathrm{const.} \tag{6.61}$$

となることが具体的に求まる。

自由度 2 の球面振り子（図 5.2 参照）については，具体的に表したラグランジュの運動方程式 (6.48) から全エネルギーの保存則

$$\mathcal{K}+\mathcal{U} = \frac{ml^2}{2}\left(\dot{\phi}^2 + \dot{\theta}^2\sin^2\phi\right) - mgl\cos\phi = \mathrm{const.} \tag{6.62}$$

を導くプロセスは必ずしも明示的ではない。そこで，もっと直接的にエネルギー保存則が見える形でラグランジュの運動方程式を表現してみよう。そのため，エネルギー保存則を導いたときの理論的根拠を挙げておこう。

1) ラグランジアン $\mathcal{L}$ が運動エネルギー $\mathcal{K}$ とポテンシャル $\mathcal{U}$ によって $\mathcal{L} = \mathcal{K} - \mathcal{U}$ と表されること。

84   6. ラグランジュの運動方程式

2) 運動エネルギー $\mathcal{K}$ は $\dot{q}$ の二次形式である。具体的には，ある $n \times n$ の非負定対称行列 $H(q) = [h_{ij}(q)]$ があって

$$\mathcal{K} = \frac{1}{2}\dot{q}^{\mathrm{T}}H(q)\dot{q} \left(= \sum_{i,j=1}^{n} \frac{1}{2}h_{ij}(q)\dot{q}_i\dot{q}_j \right) \tag{6.63}$$

と表されること。

3) ポテンシャル $\mathcal{U}$ は $\dot{q}$ には依存せず，q のみの関数であること。

上記 1)〜3) の根拠のもとで，ラグランジュの運動方程式をもう少し具体的に書き下してみたい。まず，ベクトルと行列の表記式 (6.63) から，$\partial \mathcal{K}/\partial \dot{q} = H(q)\dot{q}$ となるので，式 (6.42) は

$$\frac{\mathrm{d}}{\mathrm{d}t}\{H(q)\dot{q}\} - \frac{\partial \mathcal{K}}{\partial q} + \frac{\partial \mathcal{U}}{\partial q} = 0 \tag{6.64}$$

と表される。ここで行列 $H(q)$ の t に関する微分を $\dot{H}(q)$ で表すと

$$\frac{\mathrm{d}}{\mathrm{d}t}H(q) = \dot{H}(q) = \sum_{i=1}^{n} \left\{ \frac{\partial}{\partial q_i}H(q) \right\}\dot{q}_i \tag{6.65}$$

となる。この表記法を用いると，式 (6.64) は

$$\left\{ H(q)\ddot{q} + \frac{1}{2}\dot{H}(q)\dot{q} \right\} + \left\{ \frac{1}{2}\dot{H}(q)\dot{q} - \frac{\partial \mathcal{K}}{\partial q} \right\} + \frac{\partial \mathcal{U}}{\partial q} = 0 \tag{6.66}$$

と表される。ここで $\dot{H}\dot{q}$ を半分ずつ二つの括弧 { } の中にそれぞれ配分しているが，それにはつぎの理由がある。いま，左辺の最初の { } と $\dot{q}$ との内積をとると

$$\dot{q}^{\mathrm{T}}\left\{ H(q)\ddot{q} + \frac{1}{2}\dot{H}(q)\dot{q} \right\} = \frac{\mathrm{d}}{\mathrm{d}t}\left\{ \frac{1}{2}\dot{q}^{\mathrm{T}}H(q)\dot{q} \right\} = \frac{\mathrm{d}\mathcal{K}}{\mathrm{d}t} \tag{6.67}$$

となる。また，式 (6.66) 左辺第三項の $\partial \mathcal{U}/\partial q$ と $\dot{q}$ との内積は，$\mathcal{U}$ が $\dot{q}$ に依存しないので

$$\dot{q}^{\mathrm{T}}\frac{\partial \mathcal{U}}{\partial q} = \frac{\mathrm{d}}{\mathrm{d}t}\mathcal{U} \tag{6.68}$$

6.3 エネルギー保存則　　85

である。そして式 (6.66) 左辺第二項と $\dot{q}$ との内積をとると

$$\dot{q}^{\mathrm{T}}\left[\frac{1}{2}\dot{H}(q)\dot{q} - \frac{\partial}{\partial q}\left\{\frac{1}{2}\dot{q}^{\mathrm{T}}H(q)\dot{q}\right\}\right] = \frac{1}{2}\dot{q}^{\mathrm{T}}\dot{H}(q)\dot{q} - \frac{1}{2}\dot{q}^{\mathrm{T}}\dot{H}(q)\dot{q} = 0$$

(6.69)

となる。実際，$\dot{q}^{\mathrm{T}}\partial\mathcal{K}/\partial q = (1/2)\dot{q}^{\mathrm{T}}\dot{H}(q)\dot{q}$ となることを確かめられたい。式 (6.69) 左辺の括弧 [ ] は q と $\dot{q}$ に依存する行列 $S(q,\ \dot{q})$ によって

$$\frac{1}{2}\dot{H}(q)\dot{q} - \frac{\partial}{\partial q}\left\{\frac{1}{2}\dot{q}^{\mathrm{T}}H(q)\dot{q}\right\} = S(q,\ \dot{q})\dot{q}$$

(6.70)

と書き表すことができる。式 (6.70) と $\dot{q}$ との内積がゼロになるので，$S(q,\ \dot{q})^{\mathrm{T}} = -S(q,\ \dot{q})$ が成立しなければならない。つまり，行列 $S(q,\ \dot{q})$ は**歪対称**（skew-symmetric）でなければならない。実際，$S(q,\ \dot{q})$ の ij-要素 s_{ij} は

$$s_{ij}(q) = \frac{1}{2}\sum_{k=1}^{n}\left(\frac{\partial h_{ik}}{\partial q_j}\dot{q}_k - \frac{\partial h_{jk}}{\partial q_i}\dot{q}_k\right)$$

(6.71)

と表されることが，$H(q)$ が対称行列であることから容易に示せる。こうして，ラグランジュの運動方程式 (6.42) は，前述した根拠 1)～3) のもとに

$$H(q)\ddot{q} + \frac{1}{2}\dot{H}(q)\dot{q} + S(q,\ \dot{q})\dot{q} + \frac{\partial\mathcal{U}}{\partial q} = 0$$

(6.72)

と表された。式 (6.72) と $\dot{q}$ との内積をとると

$$\frac{\mathrm{d}}{\mathrm{d}t}\left\{\frac{1}{2}\dot{q}^{\mathrm{T}}H(q)\dot{q} + \mathcal{U}(q)\right\} = \frac{\mathrm{d}}{\mathrm{d}t}\left(\mathcal{K} + \mathcal{U}\right) = 0$$

(6.73)

となり，エネルギー保存則が直接求まることになった。

球面振り子（図 5.2 参照）の例では，ラグランジュの運動方程式は式 (6.48) で表された。その場合，式 (6.72) と同じ表記法では，$H(q)$（これを**慣性行列**という）は，$q = [\theta,\ \phi]^{\mathrm{T}}$ として

$$H(q) = \begin{bmatrix} ml^2\sin^2\phi & 0 \\ 0 & ml^2 \end{bmatrix}$$

(6.74)

となり，$S(\boldsymbol{q}, \dot{\boldsymbol{q}})$ は

$$S(\boldsymbol{q}, \dot{\boldsymbol{q}}) = ml^2 \dot{\theta} \left(\sin\phi \cos\phi\right) \begin{bmatrix} 0 & 1 \\ -1 & 0 \end{bmatrix} \tag{6.75}$$

となる．このように，慣性行列と歪対称行列を用いて式 (6.48) は式 (6.72) の形で表されることを確かめられたい．

6.4 ケプラーの法則

ラグランジュの運動方程式とエネルギー保存則から，太陽の周辺を回る惑星の運動に関するケプラーの法則を導こう．太陽の質量を M，惑星のそれを m とする．太陽をデカルト座標系の原点としたある平面内の曲線に沿って，惑星が運動すると仮定しよう．この仮定は検証が必要であるが，それは本節末で述べ，まずは惑星の運動がたどる曲線が楕円となることを示そう．図 **6.2** に示すように，太陽を原点にとった二次元デカルト座標系に極座標 $[r, \theta]$ を導入し，惑星位置を $\boldsymbol{r} = [x, y]^{\mathrm{T}} = [r\cos\theta, r\sin\theta]^{\mathrm{T}}$ で表す．そのとき，惑星の運動エネルギーは

$$\begin{aligned}
\mathcal{K} &= \frac{m}{2}\left(\dot{x}^2 + \dot{y}^2\right) \\
&= \frac{m}{2}\left\{\left(\dot{r}\cos\theta - r\dot{\theta}\sin\theta\right)^2 + \left(\dot{r}\sin\theta + r\dot{\theta}\cos\theta\right)^2\right\} \\
&= \frac{m}{2}\left(\dot{r}^2 + r^2\dot{\theta}^2\right)
\end{aligned} \tag{6.76}$$

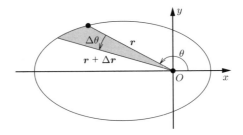

図 **6.2** 太陽の周辺を回る惑星の楕円軌道

となる。惑星のポテンシャルは，ニュートンの万有引力の法則から

$$\mathcal{U} = -G\frac{mM}{r} \tag{6.77}$$

と表される。ここで G はニュートンの万有引力定数である。その結果，ラグランジュの運動方程式は，$\mathcal{L} = \mathcal{K} - \mathcal{U}$ と定めて

$$m\ddot{r} - mr\dot{\theta} + G\frac{mM}{r^2} = 0 \tag{6.78}$$

$$m\frac{\mathrm{d}}{\mathrm{d}t}\left(r^2\dot{\theta}\right) = 0 \tag{6.79}$$

となる。式 (6.79) から，面積速度 $r^2\dot{\theta}$ が一定であることがわかるので，これを定数 h と表し，また，新たに定数 l を以下のようにとる。

$$h = r^2\dot{\theta} = \text{const.}, \quad l = \frac{h^2}{GM} \tag{6.80}$$

そのとき，$1/r$ と θ の関係を求めると

$$\frac{\mathrm{d}}{\mathrm{d}\theta}\left(\frac{1}{r}\right) = \frac{\mathrm{d}}{\mathrm{d}t}\left(\frac{1}{r}\right)\frac{\mathrm{d}t}{\mathrm{d}\theta} = -\frac{\dot{r}}{r^2}\frac{1}{\dot{\theta}} = -\frac{\dot{r}}{h} \tag{6.81}$$

となり，これをさらに θ で微分することにより

$$\frac{\mathrm{d}^2}{\mathrm{d}\theta^2}\left(\frac{1}{r}\right) = -\frac{\mathrm{d}}{\mathrm{d}t}\left(\frac{\dot{r}}{h}\right)\frac{\mathrm{d}t}{\mathrm{d}\theta} = -\frac{\ddot{r}}{h\dot{\theta}} = -\frac{\ddot{r}}{r^2\dot{\theta}^2} \tag{6.82}$$

となることがわかる。そこで式 (6.78) の全体を $mr^2\dot{\theta}^2$ で除算すると，方程式

$$\frac{\mathrm{d}^2}{\mathrm{d}\theta^2}\left(\frac{1}{r}\right) + \frac{1}{r} = \frac{GM}{h^2} = \frac{1}{l} \tag{6.83}$$

を得る。式 (6.83) は二次の線形微分方程式であり，その解は以下のように

$$\frac{1}{r} = \frac{1 + \varepsilon\cos\theta}{l} \tag{6.84}$$

あるいは

$$r = \frac{l}{1 + \varepsilon\cos\theta} \tag{6.85}$$

88   6. ラグランジュの運動方程式

として簡単に求まる。式 (6.85) の関係について，極座標で θ を動かして得られる曲線を**円錐曲線**と呼ぶが，$0 < \varepsilon < 1$ のとき曲線は原点 O を焦点とする楕円となる。なお，ε は円錐曲線の**離心率**と呼ばれ，$\varepsilon = 1$ のとき曲線は放物線，$\varepsilon > 1$ のときは双曲線となる。惑星の軌道は太陽を焦点とする楕円になり（**ケプラーの第一法則**），その面積速度は一定である（**ケプラーの第二法則**）。

ケプラーの第三法則は，「惑星が太陽のまわりを一周するのに要する周期の二乗は，楕円の長半径の三乗に比例する」，と述べている。これを導くために，エネルギー保存則

$$\frac{m}{2}\left(\dot{r}^2 + r^2\dot{\theta}^2\right) - G\frac{mM}{r} = \mathcal{E} = \text{const.} \tag{6.86}$$

と面積速度一定の法則を用いる。まず，微小時間 Δt で惑星と太陽を結ぶ動径が掃く面積を ΔS とすると（図 6.2）

$$\Delta S = \frac{1}{2}r^2\Delta\theta \tag{6.87}$$

と近似できるので

$$\frac{\mathrm{d}}{\mathrm{d}t}S = \frac{1}{2}r^2\dot{\theta} = \frac{1}{2}h \tag{6.88}$$

である。つぎにエネルギー保存則（式 (6.87)）から

$$\frac{m}{2}\dot{r}^2 = \frac{\mathcal{E}r^2 + GmMr - (1/2)\,mh^2}{r^2} \tag{6.89}$$

となる。r が極大もしくは極小のとき，$\dot{r} = 0$ となるはずであるので，式 (6.89) 右辺の分子にある二次式の根と係数の関係から

$$r_{\max} + r_{\min} = -\frac{GmM}{\mathcal{E}} \tag{6.90}$$

$$r_{\max}r_{\min} = -\frac{mh^2}{2\mathcal{E}} \tag{6.91}$$

となる。他方，楕円の式 (6.85) から

$$r_{\max} = \frac{l}{1-\varepsilon}, \quad r_{\min} = \frac{l}{1+\varepsilon} \tag{6.92}$$

である。

ケプラーの第三法則を示すために，惑星が太陽のまわりを一周するのに要する周期 T を求めたい。そのために，楕円軌道が囲む楕円の面積 S を求めよう。楕円の長半径 a は

$$a = \frac{1}{2}\left(r_{\max} + r_{\min}\right) = \frac{1}{2}\left(\frac{l}{1-\varepsilon} + \frac{l}{1+\varepsilon}\right) = \frac{l}{1-\varepsilon^2} \tag{6.93}$$

であり，短半径 b は楕円に関する幾何学からよく知られているように

$$b^2 = r_{\max}r_{\min} = \frac{l^2}{1-\varepsilon^2} \tag{6.94}$$

によって決まる。したがって楕円の面積 S は

$$S = \pi ab = \pi l^{1/2}a^{3/2} \tag{6.95}$$

と表される。これより，惑星が太陽のまわりを一周するのに要する周期 T は

$$T = \frac{S}{\mathrm{d}S/\mathrm{d}t} = 2\frac{S}{h} = 2\pi\sqrt{\frac{la^3}{GMl}} = \frac{2\pi}{\sqrt{GM}}a^{3/2} \tag{6.96}$$

となる。結果，式 (6.96) は惑星が太陽のまわりを一周するのに要する周期の二乗は，長半径の三乗に比例することを示しており，すなわちケプラーの第三法則を表している。

太陽を回る惑星の軌道が二次元平面内にある場合，惑星が太陽に引きつけられる力は**中心力**であることを意味する。中心力とは，二点を結ぶ線上に方向を持ち，大きさが二点間の距離 r のみに依存する関数で表される力である。そこで，太陽を原点とした三次元デカルト座標系における惑星の位置を $\boldsymbol{r} = [x,\ y,\ z]^{\mathrm{T}}$ で表し，力の源となるポテンシャルを $\mathcal{U}(r)$, $r = \|\boldsymbol{r}\|$ で表そう。一般に

$$\frac{\partial r}{\partial x} = \frac{x}{r}, \quad \frac{\partial r}{\partial y} = \frac{y}{r}, \quad \frac{\partial r}{\partial z} = \frac{z}{r} \tag{6.97}$$

であるので，中心力 $\boldsymbol{F} = [F_x,\ F_y,\ F_z]^{\mathrm{T}}$ は

$$\boldsymbol{F} = \left[\frac{\partial \mathcal{U}}{\partial x},\ \frac{\partial \mathcal{U}}{\partial y},\ \frac{\partial \mathcal{U}}{\partial z}\right]^{\mathrm{T}} = \frac{\mathrm{d}\mathcal{U}}{\mathrm{d}r}\left[\frac{\partial r}{\partial x},\ \frac{\partial r}{\partial y},\ \frac{\partial r}{\partial z}\right]^{\mathrm{T}} = -\frac{\mathcal{U}'(r)}{r}\boldsymbol{r} \tag{6.98}$$

90   6. ラグランジュの運動方程式

と与えられる。そこで，$t = 0$ の初期条件におけるベクトル $\boldsymbol{r}$ と $\dot{\boldsymbol{r}}$ でつくられる平面を xy 平面とすれば（図 6.2），式 (6.98) から

$$F_z(\boldsymbol{r}) = -\frac{\mathcal{U}'(r)}{r} z \tag{6.99}$$

となるので，これより

$$F_z(x,\ y,\ 0) = 0 \tag{6.100}$$

となる。そのとき，ニュートンの運動方程式の z 成分は

$$m\frac{\mathrm{d}^2 z}{\mathrm{d}t^2} = F_z(x,\ y,\ z) \tag{6.101}$$

となる。この二次の微分方程式を初期条件 $z(t = 0) = 0$，$\dot{z}(t = 0) = 0$ のもとで解くと，$z(t) = 0$（$\forall t \geqq 0$）は式 (6.101) の解となる。これは，惑星の軌道が xy 平面にとどまることを示している。

6.5　ラグランジュの安定性

実際の振り子の運動では，わずかではあるが空気抵抗による力や，支点軸まわりの摩擦力を受ける。一つの特徴的な例として，教会の鐘を考えてみよう（図 6.3）。それは力学的に二重振り子（複振り子とも呼ぶ）と考えられる。外側の鐘（第一振り子）を大きく振ると，内側の第二振り子（これを鐘の舌と呼ぶ）の振動が誘起され，連成振動を起こして鐘を鳴らす。普段は鐘が鳴らないように，鐘の舌の取り付け軸は粘性の強い流体（減衰装置，ダンパーと呼ぶ）で浸潤されている。ここでは，二つの振り子の運動が矢状面に限られているとして，まず，第二振り子の第一振り子に対する相対角を q_2 とし，角速度 $\dot{q}_2$ に比例した摩擦トルクを受けているとする。摩擦トルクは回転運動に対して抵抗として働くので，これを減衰力と呼び

$$Q_2 = -\beta_2 \dot{q}_2 \tag{6.102}$$

6.5 ラグランジュの安定性　　91

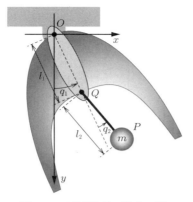

図 **6.3** 二重振り子（教会の鐘）

として表す．この減衰力によって単位時間になされる仕事は

$$\mathcal{W}_2 = -\beta_2 \dot{q}_2^2 \tag{6.103}$$

である．すなわち，$-\mathcal{W}_2$ がエネルギー散逸の時間割合（rate，レート）を表す．そこでスカラー量

$$\mathcal{D}_2 = \frac{1}{2}\beta_2 \dot{q}_2^2 \tag{6.104}$$

を導入し，これを**散逸関数**（dissipation function）と呼ぶことにすれば，減衰トルクは

$$Q_2 = -\frac{\partial \mathcal{D}_2}{\partial \dot{q}_2} \tag{6.105}$$

と表すことができる．つまり，減衰トルクは散逸関数の速度に関する微係数に負符号を付したものに等しいことになる．もし，第一振り子についても取付け軸まわりの粘性摩擦が無視できないとすれば，その摩擦トルクと散逸関数を

$$Q_1 = -\beta_1 \dot{q}_1 = -\frac{\partial \mathcal{D}_1}{\partial \dot{q}_1}, \quad \mathcal{D}_1 = \frac{1}{2}\beta_1 \dot{q}_1^2 \tag{6.106}$$

と表すことができる．そこで，二重振り子全体の散逸関数を

$$\mathcal{D} = \mathcal{D}_1 + \mathcal{D}_2 = \frac{1}{2}\left(\beta_1 \dot{q}_1^2 + \beta_2 \dot{q}_2^2\right) \tag{6.107}$$

92   6. ラグランジュの運動方程式

と表せば

$$\boldsymbol{Q} = \begin{bmatrix} Q_1 \\ Q_2 \end{bmatrix} = -\frac{\partial \mathcal{D}}{\partial \dot{\boldsymbol{q}}} = -\begin{bmatrix} \dfrac{\partial \mathcal{D}}{\partial \dot{q}_1} \\ \dfrac{\partial \mathcal{D}}{\partial \dot{q}_2} \end{bmatrix} \tag{6.108}$$

が成立する。こうして仮想仕事の原理から，散逸トルクをラグランジュの運動方程式に含めることができ，二重振り子の運動方程式は

$$\frac{\mathrm{d}}{\mathrm{d}t}\left(\frac{\partial \mathcal{L}}{\partial \dot{\boldsymbol{q}}}\right) - \frac{\partial \mathcal{L}}{\partial \boldsymbol{q}} + \frac{\partial \mathcal{D}}{\partial \dot{\boldsymbol{q}}} = 0 \tag{6.109}$$

と表されることになる。ここで $\mathcal{L}$ はラグランジアンで $\mathcal{L} = \mathcal{K} - \mathcal{U}$ と表し，$\mathcal{K}$ は運動エネルギー，$\mathcal{U}$ は保存力の源となるポテンシャルである。注意すべきは，散逸関数 $\mathcal{D}$ はラグランジアンには含めてはならないことである。

図 6.3 の二重振り子の場合，運動エネルギーとポテンシャルはつぎのように求まる。

$$\begin{aligned}
\mathcal{K} &= \frac{I}{2}\dot{q}_1^2 + \frac{m}{2}\left[\frac{\mathrm{d}}{\mathrm{d}t}\left\{l_1\cos q_1 + l_2\cos(q_1+q_2)\right\}\right]^2 \\
&\quad + \frac{m}{2}\left[\frac{\mathrm{d}}{\mathrm{d}t}\left\{l_1\sin q_1 + l_2\sin(q_1+q_2)\right\}\right]^2 \\
&= \frac{I}{2}\dot{q}_1^2 + \frac{m}{2}\left\{l_1^2\dot{q}_1^2 + l_2^2(\dot{q}_1+\dot{q}_2)^2 + 2l_1l_2\dot{q}_1(\dot{q}_1+\dot{q}_2)\cos q_2\right\}
\end{aligned} \tag{6.110}$$

$$\mathcal{U} = -Mgs_1\cos q_1 - mg\left\{l_1\cos q_1 + l_2\cos(q_1+q_2)\right\} \tag{6.111}$$

ここで I は第一振り子の支点 O まわりの慣性モーメント，M はその質量，s_1 はその質量中心と支点 O との距離を表す。これらの物理量に基づいて，式 (6.109) を 6.3 節で述べた方法に従って具体的に求めると，運動方程式は

$$H(\boldsymbol{q})\ddot{\boldsymbol{q}} + \frac{1}{2}\dot{H}(\boldsymbol{q})\dot{\boldsymbol{q}} + S(\boldsymbol{q},\ \dot{\boldsymbol{q}})\dot{\boldsymbol{q}} + \frac{\partial \mathcal{U}}{\partial \boldsymbol{q}} + \frac{\partial \mathcal{D}}{\partial \dot{\boldsymbol{q}}} = 0 \tag{6.112}$$

となる。この場合

$$
H(\boldsymbol{q}) = \begin{bmatrix} I + m\left(l_1^2 + l_2^2 + 2l_1l_2\cos q_2\right) & m\left(l_2^2 + l_1l_2\cos q_2\right) \\ m\left(l_2^2 + l_1l_2\cos q_2\right) & ml_2^2 \end{bmatrix}
$$

$$
\tag{6.113}
$$

$$
S(\boldsymbol{q},\ \dot{\boldsymbol{q}}) = ml_1l_2\left(\dot{q} + \frac{1}{2}\dot{q}_2\right)\sin q_2 \begin{bmatrix} 0 & -1 \\ 1 & 0 \end{bmatrix} \tag{6.114}
$$

となることを確かめられたい。実際，$\mathcal{K} = \dot{\boldsymbol{q}}^{\mathrm{T}}H(\boldsymbol{q})\dot{\boldsymbol{q}}/2$ であり，$S(\boldsymbol{q},\ \dot{\boldsymbol{q}})$ は歪対称行列である。

方程式 (6.112) に基づいて，二重振り子の自由振動を考えよう。式 (6.112) と $\dot{\boldsymbol{q}}$ との内積をとると

$$
\begin{aligned}
\frac{\mathrm{d}}{\mathrm{d}t}\left(\mathcal{K} + \mathcal{U}\right) &= -\dot{\boldsymbol{q}}^{\mathrm{T}}\frac{\partial \mathcal{D}}{\partial \dot{\boldsymbol{q}}} = -\left(\beta_1 \dot{q}_1^2 + \beta_2 \dot{q}_2^2\right) \\
&= -\left(\mathcal{W}_1 + \mathcal{W}_2\right) \\
&= -\mathcal{W}(= -2\mathcal{D})
\end{aligned} \tag{6.115}
$$

となる。この $\mathcal{W}(= \mathcal{W}_1 + \mathcal{W}_2)$ は粘性摩擦によるエネルギー散逸のレートを表していることになる。式 (6.115) を時間積分することにより

$$
\mathcal{E}(t) - \mathcal{E}(0) = -\int_0^t \mathcal{W}(\tau)\mathrm{d}\tau \tag{6.116}
$$

が成立する。ここで $\mathcal{E} = \mathcal{K} + \mathcal{U}$ であり，$\mathcal{E}(t)$ は時間 t における系の全エネルギーを表す。式 (6.116) はつぎのような意味でエネルギー保存則を表す。すなわち，右辺は時間区間 $[0, t]$ の間に散逸したエネルギー量を表し，これが全エネルギーの時間 0~t までに失われた量に等しいことが示されている。このことから，二重振り子に強制力が働かない限り，徐々にエネルギー散逸が進み，全エネルギーが最小の状態，すなわち $q_1 = q_2 = 0$ かつ $\dot{q}_1 = \dot{q}_2 = 0$ の状態（これを式 (6.112) の平衡点という）に落ち着くものと思われる。このことを，平衡点はラグランジュ安定（stability in the sense of Lagrange）であるというが，厳密な数学的証明は専門書に譲る（付録 A 参照）。

94   6. ラグランジュの運動方程式

以上，摩擦力の導入を例題に沿って論じたが，一般的に取り扱うにはつぎのように形式化しなければならない。すなわち，N 個の質点の位置をデカルト座標系 $[x,\ y,\ z]$ で表した $[x_i,\ y_i,\ z_i]$ を並べて，$3N$ 個の変数 $x_1,\ x_2(=y_1),\ x_3(=z_1),\cdots,\ x_{3N}$ と置き，摩擦力が

$$F_i' = -k_i \dot{x}_i \quad (i = 1,\ 2,\ \cdots,\ 3N) \tag{6.117}$$

と表される場合を考えておく必要がある。ここですべての i について $k_i \geqq 0$ とする（ある i について $k_i = 0$ であってもよい）。そのとき，微小変位 $\mathrm{d}x_i$ をとったときの摩擦抵抗がする負の仕事は（$m = 3N$ と置いて）

$$\delta'\mathcal{W} = -\sum_{i=1}^{m} k_i \dot{x}_i \mathrm{d}x_i \tag{6.118}$$

と表される。この微小時間 $\mathrm{d}t$ 内の運動による実際の変化分は，式 (6.117) を $\mathrm{d}t$ で除算した量

$$\mathcal{W} = -\sum_{i=1}^{m} k_i \dot{x}_i^2 \tag{6.119}$$

であり，これが摩擦抵抗によってエネルギー散逸が起こったレートを表すことになる。この半分を符号を変えて

$$\mathcal{D} = \frac{1}{2} \sum_{i=1}^{m} k_i \dot{x}_i^2 \tag{6.120}$$

と表し，**レイリーの散逸関数**と呼ぶ。式 (6.120) を用いると，抵抗力は

$$F_i' = -\frac{\partial \mathcal{D}}{\partial \dot{x}_i} \tag{6.121}$$

と表される。ここでデカルト座標系から一般化座標 $\boldsymbol{q} = [q_1,\ q_2,\ \cdots,\ q_i]^{\mathrm{T}}$ に移るとき，力の式 (6.119) も式 (5.76) によって一般化力に変換され

$$Q_j' = \sum_{i=1}^{m} F_i' \frac{\partial x_i}{\partial q_j} = -\sum_{i=1}^{m} \frac{\partial \mathcal{D}}{\partial \dot{x}_i} \frac{\partial x_i}{\partial q_j} \tag{6.122}$$

となる。そして式 (6.3) を用いると，式 (6.122) は

$$Q'_j = -\sum_{i=1}^{m} \frac{\partial \mathcal{D}}{\partial x_i} \frac{\partial \dot{x}_i}{\partial \dot{q}_j} \tag{6.123}$$

と表される。これは結局

$$Q'_j = -\frac{\partial \mathcal{D}}{\partial \dot{q}_j} \tag{6.124}$$

を表していることになる。こうしてラグランジュの運動方程式は

$$\frac{\mathrm{d}}{\mathrm{d}t}\left(\frac{\partial \mathcal{L}}{\partial \dot{q}_i}\right) - \frac{\partial \mathcal{L}}{\partial q_i} + \frac{\partial \mathcal{D}}{\partial \dot{q}_i} = 0 \quad (i = 1,\ 2,\ \cdots,\ n) \tag{6.125}$$

という形式で表され，これをベクトル形式で表したものが式 (6.109) である。

6.6 変 分 原 理

一般化位置座標系 $\boldsymbol{q} = [q_1,\ q_2,\ \cdots,\ q_n]^{\mathrm{T}}$ によって表される力学系が，k 個の拘束

$$f_j(\boldsymbol{q},\ t) = 0 \quad (j = 1,\ 2,\ \cdots,\ k) \tag{6.126}$$

を受けているとき，ラグランジュの運動方程式は式 (6.18) において

$$\frac{\mathrm{d}}{\mathrm{d}t}\left(\frac{\partial \mathcal{L}}{\partial \dot{q}_i}\right) - \frac{\partial \mathcal{L}}{\partial q_i} = \sum_{l=1}^{k} \lambda_l \frac{\partial f_l}{\partial q_i} \quad (i = 1,\ 2,\ \cdots,\ n) \tag{6.127}$$

と表された。これら拘束力のほかに，本来のデカルト座標系 $\boldsymbol{x} = [x_1,\ x_2,\ \cdots,\ x_m]^{\mathrm{T}}$ $(m = 3N)$ を用いて，x_j 方向にポテンシャル $\mathcal{U}$ から導かれる保存力 $-\partial \mathcal{U}/\partial x_j$ がラグランジアン $\mathcal{L}$ に含まれているが，ここではさらに外力 F'_j を受けている場合を考えよう。式として表せば，拘束力のほかに力

$$F_j = -\frac{\partial \mathcal{U}}{\partial x_j} + F'_j \tag{6.128}$$

96   6. ラグランジュの運動方程式

を受けているとする。外力 F'_j には摩擦力のほか，外から人為的に加えられる力が含まれるかもしれない。そのとき，一般化位置座標で

$$-\frac{\partial \mathcal{U}}{\partial q_i} = \sum_{j=1}^{m} \left(-\frac{\partial \mathcal{U}}{\partial x_j} \right) \frac{\partial x_j}{\partial q_i} \tag{6.129}$$

$$Q'_i = \sum_{j=1}^{m} F'_j \frac{\partial x_j}{\partial q_i} \tag{6.130}$$

と表せば，一般化力は

$$Q_i = -\frac{\partial \mathcal{U}}{\partial q_i} + Q'_i \quad (i = 1, \ 2, \ \cdots, \ n) \tag{6.131}$$

と表すことができる。式 (6.131) 右辺第一項は $\partial \mathcal{L}/\partial q_i$ に組み込まれているので，仮想仕事の原理から，ラグランジュの運動方程式は

$$\frac{\mathrm{d}}{\mathrm{d}t} \left(\frac{\partial \mathcal{L}}{\partial \dot{q}_i} \right) - \frac{\partial \mathcal{L}}{\partial q_i} = \sum_{l=1}^{k} \lambda_l \frac{\partial f_l}{\partial q_i} + Q'_i \quad (i = 1, \ 2, \ \cdots, \ n) \tag{6.132}$$

となる。式 (6.132) は積分形式

$$\int_{t_1}^{t_2} \left[\delta \mathcal{L}(\boldsymbol{q}, \ \dot{\boldsymbol{q}}, \ t) + \sum_{i=1}^{n} \left(Q'_i + \sum_{l=1}^{k} \lambda_l \frac{\partial f_l}{\partial q_i} \right) \delta q_i \right] \mathrm{d}t = 0 \tag{6.133}$$

から導かれたものと考えられうるので，式 (6.133) が成立することを**変分原理**（variational principle）と呼ぶ。

　変分原理は，保存力のほかにも，種々の外力の存在下で運動方程式を導く際に有用な働きをする。ここでは，例題として**図 6.4** に示すような天井走行型クレーンの原型モデルの運動を考えてみよう。デカルト座標系を図のようにとり，走行車に働く押す力を F（x 方向を正とする），車輪とレールの間に働く摩擦力を合わせて $-c_1 \dot{x}_1$ とする。ロープの長さ l の先に集中質量 m の荷重があるとして（ロープの質量は無視する），ロープの取付け位置を $\boldsymbol{r}_1 = [x_1, \ y_1]^\mathrm{T}$，荷重の質量中心位置を $\boldsymbol{r}_2 = [x_2, \ y_2]^\mathrm{T}$ と表す。全体の力学系としての運動エネルギーとポテンシャルは，デカルト座標系で

6.6 変 分 原 理   97

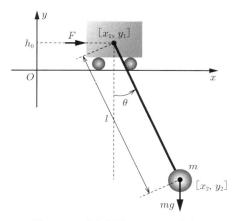

図 **6.4** 天井走行型クレーンの模式図

$$\begin{cases} \mathcal{K} = \dfrac{1}{2} M \dot{x}_1^2 + \dfrac{1}{2} m \left(\dot{x}_2^2 + \dot{y}_2^2 \right) \\ \mathcal{U} = mgy_2 \end{cases} \quad (6.134)$$

と表される。また拘束式は，ロープ長が変動しないことから

$$f_1(x_1,\ x_2,\ y_1,\ y_2) = \sqrt{(x_2 - x_1)^2 + (y_2 - y_1)^2} - l = 0 \quad (6.135)$$

と表される。ここで $y_1 = h_0$ で一定であるから，変動しうるデカルト座標の成分は，x_1, x_2, y_2 の三変数のみであるので，見かけ上の自由度は3であり，はじめに一般化座標として $\boldsymbol{q} = [x_1,\ x_2,\ y_1]^{\mathrm{T}}$ を選んでみる。なお，拘束式 (6.135) が一つ存在するので，この力学系の自由度は2である。式 (6.135) から

$$\begin{aligned}
&\frac{\partial f_1}{\partial x_1} \delta x_1 + \frac{\partial f_1}{\partial x_2} \delta x_2 + \frac{\partial f_1}{\partial y_2} \delta y_2 \\
&= \frac{-(x_2 - x_1)\delta x_1 + (x_2 - x_1)\delta x_2 + (y_2 - h_0)\delta y_2}{\sqrt{(x_2 - x_1)^2 + (y_2 - h_0)^2}} \\
&= -\frac{x_2 - x_1}{l} \delta x_1 + \frac{x_2 - x_1}{l} \delta x_2 + \frac{y_2 - h_0}{l} \delta y_2
\end{aligned} \quad (6.136)$$

となる。また，走行車を押す力（あるいは引く力）F は，x_1 方向に働き，同様に摩擦力は $-x_1$ 方向に働くので，$Q'_i \delta q_i$ は $(F - c_1 \dot{x}_1)\delta x_1$ のみである。こうして，式 (6.132) のラグランジュの運動方程式を具体的に求めると

98   6. ラグランジュの運動方程式

$$
\begin{cases}
M\ddot{x}_1 = -\dfrac{\lambda}{l}(x_2 - x_1) + F - c_1\dot{x}_1 \\[2mm]
m\ddot{x}_2 = \dfrac{\lambda}{l}(x_2 - x_1) \\[2mm]
m\ddot{y}_2 + mg = \dfrac{\lambda}{l}(y_2 - h_0)
\end{cases}
\tag{6.137}
$$

と表される。式 (6.137) から拘束力 λ を求めるために，ロープの傾き角 θ を用いて

$$
x_2 - x_1 = l\sin\theta, \quad y_2 - h_0 = -l\cos\theta
\tag{6.138}
$$

と表し，これらの速度および加速度についてもつぎのように求めておく。

$$
\dot{x}_1 - \dot{x}_2 = l\dot{\theta}\cos\theta, \quad \dot{y}_2 = l\dot{\theta}\sin\theta
\tag{6.139}
$$

$$
\ddot{x}_2 - \ddot{x}_1 = l\ddot{\theta}\cos\theta - l\dot{\theta}\sin\theta, \quad \ddot{y}_2 = l\ddot{\theta}\sin\theta + l\dot{\theta}^2\cos\theta
\tag{6.140}
$$

式 (6.138)〜(6.140) を式 (6.137) の第二式，第三式に代入すると

$$
m\begin{bmatrix} \ddot{x}_1 \\ 0 \end{bmatrix} + ml\ddot{\theta}\begin{bmatrix} \cos\theta \\ \sin\theta \end{bmatrix} + ml\dot{\theta}^2\begin{bmatrix} -\sin\theta \\ \cos\theta \end{bmatrix} + mg\begin{bmatrix} 0 \\ 1 \end{bmatrix} = \lambda\begin{bmatrix} \sin\theta \\ -\cos\theta \end{bmatrix}
\tag{6.141}
$$

を得る。式 (6.141) の両辺とベクトル $[\sin\theta, \ -\cos\theta]^{\mathrm{T}}$ の内積をとると，拘束力（ロープの張力）λ が以下のように求まる。

$$
\lambda = m\ddot{x}_1\sin\theta - ml\dot{\theta}^2 - mg\cos\theta
\tag{6.142}
$$

式 (6.142) 右辺第一項は，ロープの支点が受ける x_1 方向抗力のロープ長方向成分，第二項は遠心力，第三項は荷重にかかる重力のロープ長方向成分を表す。運動方程式は，式 (6.137) の第一式と第二式の和をとり，式 (6.140) の第一式を代入したものと，式 (6.141) とベクトル $[\cos\theta, \ \sin\theta]^{\mathrm{T}}$ との内積をとったものを並べて，つぎのように求まる。

$$
\begin{cases}
(M + m)\ddot{x}_1 + ml\ddot{\theta}\cos\theta - ml\dot{\theta}^2\sin\theta + c_1\dot{x}_1 = F \\[2mm]
ml\ddot{x}_1\cos\theta + ml^2\ddot{\theta} + mgl\sin\theta = 0
\end{cases}
\tag{6.143}
$$

6.6 変 分 原 理 99

一方，この力学系の自由度は 2 であるので，一般化位置座標を $\boldsymbol{q} = [x_1, \ \theta]^{\mathrm{T}}$ ととることも可能である。そのとき，運動エネルギーとポテンシャルを x_1 と θ で表すと

$$\mathcal{K} = \frac{M}{2}\dot{x}_1^2 + \frac{m}{2}\left\{\left(\dot{x}_1 + l\dot{\theta}\cos\theta\right)^2 + l^2\dot{\theta}^2\sin^2\theta\right\}$$

$$= \frac{M+m}{2}\dot{x}_1^2 + ml\dot{x}_1\dot{\theta}\cos\theta + \frac{m}{2}l^2\dot{\theta}^2 \tag{6.144}$$

$$\mathcal{U} = -mgl\cos\theta \tag{6.145}$$

となる。拘束力は，$f_1(x_1, \ \theta) = \sqrt{l^2\sin^2\theta + l^2\cos^2\theta} - l = l - l = 0$ となり，見かけ上は表に現れない。一般化力は x_1 方向に $Q'_1 = F - c_1\dot{x}_1$ である。こうして，式 (6.132) を具体的に書き下すと

$$\begin{bmatrix} M+m & ml\cos\theta \\ ml\cos\theta & ml^2 \end{bmatrix}\begin{bmatrix} \ddot{x}_1 \\ \ddot{\theta} \end{bmatrix} - ml\sin\theta\begin{bmatrix} \dot{\theta}^2 \\ 0 \end{bmatrix} + c_1\begin{bmatrix} \dot{x}_1 \\ 0 \end{bmatrix} + mgl\begin{bmatrix} 0 \\ 1 \end{bmatrix} = F\begin{bmatrix} 1 \\ 0 \end{bmatrix} \tag{6.146}$$

となる。あるいは，式 (6.22) と同じ形式で表すと

$$H(\boldsymbol{q})\ddot{\boldsymbol{q}} + \left\{\frac{1}{2}\dot{H}(\boldsymbol{q}) + S(\boldsymbol{q}, \ \dot{\boldsymbol{q}}) + C\right\}\dot{\boldsymbol{q}} + mgl\begin{bmatrix} 0 \\ 1 \end{bmatrix} = F\begin{bmatrix} 1 \\ 0 \end{bmatrix} \tag{6.147}$$

となる。ここで

$$\begin{cases} H(\boldsymbol{q}) = \begin{bmatrix} M+m & ml\cos\theta \\ ml\cos\theta & ml^2 \end{bmatrix}, \quad C = \begin{bmatrix} c_1 & 0 \\ 0 & 0 \end{bmatrix} \\ S(\boldsymbol{q}, \ \dot{\boldsymbol{q}}) = \frac{1}{2}ml\dot{\theta}\sin\theta\begin{bmatrix} 0 & -1 \\ 1 & 0 \end{bmatrix} \end{cases} \tag{6.148}$$

である。式 (6.147) は式 (6.143) とまったく同じであることに注意されたい。

一般化座標を最初から $[x_1, \ \theta]$ としてとると，運動方程式は比較的簡単に求めることができる。しかし，ロープの張力成分は一般的なラグランジュの運動方程式からは見えてこない。拘束条件を式 (6.140) の形式で組み込んで，力の関係を確認しておくことが重要になる場面は，工学の世界で数多くある。

100   6. ラグランジュの運動方程式

章 末 問 題

【1】 球面振り子（図 5.2 参照）について，一般化座標 $q_1 = \theta$, $q_2 = \phi$ を用いて求
めたラグランジアンの式 (6.47) からラグランジュの運動方程式が導けること
を示せ。

【2】 球面振り子（図 5.2 参照）の運動はラグランジュの運動方程式 (6.48) で表され
るが，その第一式に $\dot{\theta}$ を乗じた式と第二式に $\dot{\phi}$ を乗じた式を加え合わせること
によって，全エネルギーが保存されることを確かめよ。

7 多関節構造体の運動方程式

　前章では，二次元平面内で運動する単振り子など，直感的に理解しやすい簡単な力学系におけるラグランジュの運動方程式について解説した。しかし，実際の機械系（ロボットなど）では，複数の関節を持つ多関節構造体の三次元運動を扱う場合が多く，自由度の増加に伴って構造が複雑化し，系全体の運動方程式の導出は容易ではなくなる。本章では，特に回転もしくは直動関節のみから構成される多関節直鎖構造体（シリアルリンクマニピュレータ）の運動方程式を導出する手法について解説する。手先が拘束されていないシリアルリンクマニピュレータは，ロボット自身の幾何学的な構造（運動学）を利用することにより，技巧的な数式処理手法を用いた画一的な手順（algorithm）により求めることができる。

　そのために，まず同次変換行列を用いた運動学表現を行い，その後，修正 DH 記法を用いた n 自由度シリアルリンクマニピュレータの運動学導出手法を与える。そして，例として 2 自由度平面マニピュレータのラグランジュの運動方程式を，修正 DH 記法を用いた方法を用いて導く。

7.1　同次変換行列

　3 章および 5 章において，剛体は位置に関して三つ，姿勢に関して三つの合計 6 自由度を持つことを述べた。これらはぞれぞれ，位置ベクトル $\boldsymbol{r} \in \mathbb{R}^3$，回転行列 $R \in \mathbb{R}^{3 \times 3}$ を用いて表されるが，ここではそれらを統一的に表す手法を導入する。図 **7.1** に示すように，A 座標系 $[O_A\text{--}x_A y_A z_A]$ で表された位置 ${}^A\boldsymbol{r}$ は，

7. 多関節構造体の運動方程式

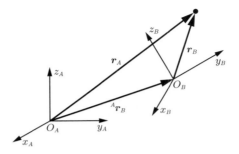

図 7.1 二つの座標系の関係

別の B 座標系 $[O_B\text{-}x_By_Bz_B]$ で表された位置 $^B\boldsymbol{r}$, A 座標系から見た B 座標系の位置 $^A\boldsymbol{r}_B$, および A 座標系で表された B 座標系の姿勢を表す回転行列 ^AR_B を用いて，以下のように表すことができる。

$$^A\boldsymbol{r} = {}^A\boldsymbol{r}_B + {}^AR_B{}^B\boldsymbol{r} \tag{7.1}$$

式 (7.1) は，各座標系で表された位置ベクトルは，それぞれの座標系間の相対関係を用いて等価的に表現できることを示しているが，これらは，拡張した $\mathbb{R}^4$ ベクトルと $\mathbb{R}^{4\times 4}$ 行列を用いて，以下のように代数的に表現することができる。

$$\underbrace{\begin{bmatrix} ^A\boldsymbol{r} \\ \hdashline 1 \end{bmatrix}}_{^A\bar{\boldsymbol{r}}\in\mathbb{R}^4} = \underbrace{\begin{bmatrix} ^AR_B & ^A\boldsymbol{r}_B \\ \hdashline \boldsymbol{0}_3^\mathrm{T} & 1 \end{bmatrix}}_{^A\boldsymbol{T}_B\in\mathbb{R}^{4\times 4}} \underbrace{\begin{bmatrix} ^B\boldsymbol{r} \\ \hdashline 1 \end{bmatrix}}_{^B\bar{\boldsymbol{r}}\in\mathbb{R}^4} \in \mathbb{R}^4 \tag{7.2}$$

式 (7.2) 右辺左側の $\mathbb{R}^{4\times 4}$ 行列 $^A\boldsymbol{T}_B$ を，**同次変換行列** (homogeneous transformation matrix) という。同次変換行列を用いることにより，位置と姿勢の変換を同時に行うことができる。ここで $\boldsymbol{0}_3$ は $\mathbb{R}^3$ のゼロベクトルを表し，また，三次元位置ベクトル $\boldsymbol{r}\in\mathbb{R}^3$ の末尾に 1 を加えて四次元に拡張したベクトルを $\bar{\boldsymbol{r}} = [\boldsymbol{r}^\mathrm{T}, 1]^\mathrm{T} \in \mathbb{R}^4$ と表すことにする。式 (7.2) に含まれる同次変換行列 $^A\boldsymbol{T}_B$ は，B 座標系から A 座標系への変換を表すが，その逆変換 $^B\boldsymbol{T}_A$ (A 座標系から B 座標系への変換) は以下のように与えられる。

$$^B\boldsymbol{T}_A = {}^A\boldsymbol{T}_B^{-1} = \begin{bmatrix} ^AR_B^\mathrm{T} & -{}^AR_B^\mathrm{T}\,^A\boldsymbol{r}_B \\ \hdashline \boldsymbol{0}_3^\mathrm{T} & 1 \end{bmatrix} \in \mathbb{R}^{4\times 4} \tag{7.3}$$

また，もし三つの座標系 A，B，C があり，C 座標系から B 座標系への変換が ^BT_C，B 座標系から A 座標系への変換が ^AT_B で与えられている場合，C 座標系から A 座標系への変換は

$$^AT_C = {}^AT_B {}^BT_C \tag{7.4}$$

で与えられる。

7.2　DH 記法による運動学表現

前節で，各座標間における位置・姿勢の変換について，$\mathbb{R}^{4\times4}$ の同次変換行列を用いた表現を与えた。ここでは，その同次変換行列を用いた **DH 記法**（Denabit-Hartenberg notation，**DH パラメータ**（DH parameters）ともいう）による，シリアルリンクマニピュレータの運動学導出方法について解説する。DH 記法は，その名の通り J. Denavit と R.S. Hartenberg によって提案されたロボットマニピュレータの運動学表記法であり，ある手順に従って各関節の座標を設定し，四つのパラメータを用いてそれら座標間の相対関係を記述する。DH 記法は，i 番関節に対する各パラメータの取り方についていくつか種類があるが，ここでは**修正 DH 記法**（modified DH notation）と呼ばれる手順に従った記法を導入する。

いま，**図 7.2** に示すような，i 個（$i = 1,\ 2,\ \cdots,\ n$）の関節が連なった直鎖構造の多関節構造体を考えよう。

図 (a) は i 番関節が回転関節の場合，図 (b) は i 番関節が直動関節の場合を示す。ベースに固定された根元リンクに 0 座標系を設定し，マニピュレータの最先端リンクに設定された座標系を n 座標系とする。以下に示す手順に従い，i 番目のリンクに i 座標系を設定する。

1)　i 座標系の Z 軸 z_i を，i 関節の回転軸上に，なるべく手先方向を向くようにとる。

2)　i 座標系の X 軸 x_i を，z_i 軸と z_{i+1} 軸の共通垂線上に，なるべく手先方

104   7. 多関節構造体の運動方程式

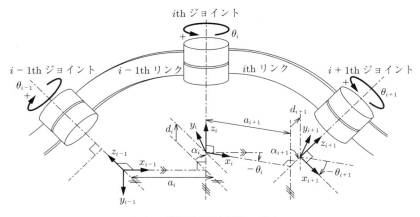

（a） i 番関節が回転関節の場合

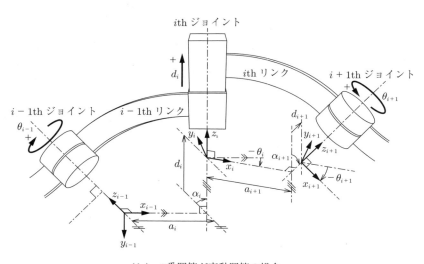

（b） i 番関節が直動関節の場合

図 7.2 修正 DH 記法による各関節と座標の関係

向を向くようにとる．もし z_i 軸と z_{i+1} 軸が平行であれば，任意の共通垂線を選ぶ．

3) z_i 軸と x_i 軸の交点を i 座標系の原点 O_i とし，i 座標系の Y 軸 y_i を x_i 軸，z_i 軸と右手系をなすようにとる．

7.2 DH 記法による運動学表現　105

4) z_{i-1} 軸と z_i 軸との共通垂線上の距離を $\underline{a_i}$ とする（正負はない）。

5) z_{i-1} 軸から z_i 軸への x_{i-1} 軸まわりの角度を，右ねじが進む方向を正として $\underline{\alpha_i}$ とする。

6) x_{i-1} 軸と z_i 軸の交点から i 座標系の原点 O_i までの距離を，z_i 軸正方向を正として $\underline{d_i}$ とする。

7) x_i 軸から x_{i+1} 軸への z_i 軸まわりの角度を，右ねじが進む方向を正として $\underline{\theta_i}$ とする。

上記の手順によって決定した $a_i,\ \alpha_i,\ d_i,\ \theta_i$ を，マニピュレータの幾何構造を表すパラメータとして用いる。a_i はリンク長，α_i は関節間のねじれ角，d_i はリンク間のオフセット量，θ_i はリンク回転角を表す。一般的に $a_i,\ \alpha_i$ は定数（ゼロを含む）となるように設定し，一方で，回転関節の場合は θ_i を関節角度変数，直動関節の場合は d_i を関節位置変数にとる場合が多い。これら四つのパラメータにより，i 座標系から $i-1$ 座標系への位置・姿勢の変換は，以下のような位置ベクトル $^{i-1}\boldsymbol{r}_i$ および回転行列 $^{i-1}R_i$ を用いて表すことができる。

$$
{}^{i-1}\boldsymbol{r}_i = \begin{bmatrix} a_i \\ 0 \\ 0 \end{bmatrix} + \begin{bmatrix} 1 & 0 & 0 \\ 0 & C_{\alpha_i} & -S_{\alpha_i} \\ 0 & S_{\alpha_i} & C_{\alpha_i} \end{bmatrix} \begin{bmatrix} 0 \\ 0 \\ d_i \end{bmatrix} = \begin{bmatrix} a_i \\ -d_i S_{\alpha_i} \\ d_i C_{\alpha_i} \end{bmatrix} \tag{7.5}
$$

$$
{}^{i-1}R_i = \begin{bmatrix} 1 & 0 & 0 \\ 0 & C_{\alpha_i} & -S_{\alpha_i} \\ 0 & S_{\alpha_i} & C_{\alpha_i} \end{bmatrix} \begin{bmatrix} C_{\theta_i} & -S_{\theta_i} & 0 \\ S_{\theta_i} & C_{\theta_i} & 0 \\ 0 & 0 & 1 \end{bmatrix}
$$

$$
= \begin{bmatrix} C_{\theta_i} & -S_{\theta_i} & 0 \\ C_{\alpha_i} S_{\theta_i} & C_{\alpha_i} C_{\theta_i} & -S_{\alpha_i} \\ S_{\alpha_i} S_{\theta_i} & S_{\alpha_i} C_{\theta_i} & C_{\alpha_i} \end{bmatrix} \tag{7.6}
$$

ここで，式 (3.16) と同様に

$$
S_{\alpha_i} = \sin \alpha_i, \quad C_{\alpha_i} = \cos \alpha_i, \quad S_{\theta_i} = \sin \theta_i, \quad C_{\theta_i} = \cos \theta_i \tag{7.7}
$$

とし，以後，特に断らない限り式 (7.7) の表記を用いる。式 (7.5)，(7.6) より，

106   7. 多関節構造体の運動方程式

i 座標系から $i-1$ 座標系への変換を表す同次変換行列は，以下のように表される。

$$
{}^{i-1}T_i = \begin{bmatrix} C_{\theta_i} & -S_{\theta_i} & 0 & a_i \\ C_{\alpha_i}S_{\theta_i} & C_{\alpha_i}C_{\theta_i} & -S_{\alpha_i} & -d_iS_{\alpha_i} \\ S_{\alpha_i}S_{\theta_i} & S_{\alpha_i}C_{\theta_i} & C_{\alpha_i} & d_iC_{\alpha_i} \\ 0 & 0 & 0 & 1 \end{bmatrix} \tag{7.8}
$$

よって，i 座標系で表された位置に関するベクトル ${}^i\bar{\boldsymbol{r}} \in \mathbb{R}^4$ を，0座標系で表された位置に関するベクトル ${}^0\bar{\boldsymbol{r}} \in \mathbb{R}^4$ として同次変換行列を用いて表すと，以下のようになる。

$$
{}^0\bar{\boldsymbol{r}} = {}^0T_i{}^i\bar{\boldsymbol{r}} \tag{7.9}
$$

ここで

$$
{}^0T_n = {}^0T_1{}^1T_2 \cdots {}^{n-2}T_{n-1}{}^{n-1}T_n \tag{7.10}
$$

である。注意として，修正 DH 記法では式 (7.9) の ${}^0\bar{\boldsymbol{r}}$ は手先位置ではなく，先端リンクの関節位置を表す。手先位置と関節角度の関係，すなわち**運動学**（kinematics）を求めたい場合は，手先に仮想的な関節を設定し，そこに座標系を置けば導出可能である。

7.3　ラグランジアンの導出

6.1 節で示したように，ラグランジュの運動方程式を導くためには，運動エネルギー $\mathcal{K}$ とポテンシャル $\mathcal{U}$ を用いてラグランジアン $\mathcal{L}$ を導出しなければならない。ここでは，剛体リンクで構成されるマニピュレータ全体の運動エネルギー $\mathcal{K}$ を，前節で述べた同次変換行列を用いて導出してみよう。いま，マニピュレータの関節角度ベクトル $\boldsymbol{q} = [q_1,\ q_2,\ \cdots,\ q_i]^{\mathrm{T}}$ を一般化座標にとり，式 (7.9) を時間 t で微分すると，以下の式を得る。

$$\frac{\mathrm{d}^0\bar{\boldsymbol{r}}}{\mathrm{d}t} = {}^0\dot{\bar{\boldsymbol{r}}} = \left[\sum_{j=1}^{i} \frac{\partial T_i}{\partial q_j}\dot{q}_j\right] {}^i\bar{\boldsymbol{r}} \tag{7.11}$$

i 番リンク上にある i 座標系で表された位置 ${}^i\bar{\boldsymbol{r}} = [x_i,\ y_i,\ z_i,\ 1]^{\mathrm{T}}$ に，微小な質量 $\mathrm{d}m$ があるとすると，この微小質量 $\mathrm{d}m$ が持つ運動エネルギー $\mathrm{d}\mathcal{K}_i$ は，以下のように表される。

$$\mathrm{d}\mathcal{K}_i = \frac{1}{2}{}^0\dot{\bar{\boldsymbol{r}}}^{\mathrm{T}}\,{}^0\dot{\bar{\boldsymbol{r}}}\mathrm{d}m = \frac{1}{2}\mathrm{tr}\left[{}^0\dot{\bar{\boldsymbol{r}}}\,{}^0\dot{\bar{\boldsymbol{r}}}^{\mathrm{T}}\right]\mathrm{d}m \tag{7.12}$$

ここで $\mathrm{tr}\,[\cdot]$ は，行列のトレース（trace）を表す。式 (7.11) を式 (7.12) に代入すると

$$\mathrm{d}\mathcal{K}_i = \frac{1}{2}\mathrm{tr}\left[\sum_{j=1}^{i}\sum_{k=1}^{i}\frac{\partial T_i}{\partial q_j}\,{}^i\bar{\boldsymbol{r}}\,{}^i\bar{\boldsymbol{r}}^{\mathrm{T}}\frac{\partial T_i}{\partial q_j}^{\mathrm{T}}\dot{q}_j\dot{q}_k\right]\mathrm{d}m \tag{7.13}$$

となり，この微小質量 $\mathrm{d}m$ が持つ運動エネルギー $\mathrm{d}\mathcal{K}_i$ を i 番リンク全体にわたって積分すると，i 番リンクが持つ運動エネルギー $\mathcal{K}_i$ は以下のように表される。

$$\mathcal{K}_i = \frac{1}{2}\mathrm{tr}\left[\sum_{j=1}^{i}\sum_{k=1}^{i}\frac{\partial T_i}{\partial q_j}\bar{H}_i\frac{\partial T_i}{\partial q_j}^{\mathrm{T}}\dot{q}_j\dot{q}_k\right] \tag{7.14}$$

ここで

$$\begin{aligned}
\bar{H}_i &= \int_{\Omega} {}^i\bar{\boldsymbol{r}}\,{}^i\bar{\boldsymbol{r}}^{\mathrm{T}}\mathrm{d}m \\
&= \begin{bmatrix}
\displaystyle\int_{\Omega} x_i^2\mathrm{d}m & \displaystyle\int_{\Omega} x_iy_i\mathrm{d}m & \displaystyle\int_{\Omega} x_iz_i\mathrm{d}m & \displaystyle\int_{\Omega} x_i\mathrm{d}m \\[2mm]
\displaystyle\int_{\Omega} y_ix_i\mathrm{d}m & \displaystyle\int_{\Omega} y_i^2\mathrm{d}m & \displaystyle\int_{\Omega} y_iz_i\mathrm{d}m & \displaystyle\int_{\Omega} y_i\mathrm{d}m \\[2mm]
\displaystyle\int_{\Omega} z_ix_i\mathrm{d}m & \displaystyle\int_{\Omega} z_iy_i\mathrm{d}m & \displaystyle\int_{\Omega} z_i^2\mathrm{d}m & \displaystyle\int_{\Omega} z_i\mathrm{d}m \\[2mm]
\displaystyle\int_{\Omega} x_i\mathrm{d}m & \displaystyle\int_{\Omega} y_i\mathrm{d}m & \displaystyle\int_{\Omega} z_i\mathrm{d}m & \displaystyle\int_{\Omega} \mathrm{d}m
\end{bmatrix}
\end{aligned} \tag{7.15}$$

であり，積分記号 $\int_\Omega$ は，3.3 節と同様にリンク全体にわたる積分を表す。さらに，3.3 節で述べた i 座標系の原点まわりにおける i 番リンクの慣性テンソル $\bar{I}_i \in \mathbb{R}^{3\times 3}$ を用いて式 (7.15) を表すと

$$
\bar{H}_i = \begin{bmatrix} \dfrac{-\bar{I}_{ixx} + \bar{I}_{iyy} + \bar{I}_{izz}}{2} & -\bar{I}_{ixy} & -\bar{I}_{ixz} & m_i s_{ix} \\ -\bar{I}_{ixy} & \dfrac{-\bar{I}_{iyy} + \bar{I}_{izz} + \bar{I}_{ixx}}{2} & -\bar{I}_{iyz} & m_i s_{iy} \\ -\bar{I}_{ixz} & -\bar{I}_{iyz} & \dfrac{-\bar{I}_{izz} + \bar{I}_{ixx} + \bar{I}_{iyy}}{2} & m_i s_{iz} \\ m_i s_{ix} & m_i s_{iy} & m_i s_{iz} & m_i \end{bmatrix}
$$
(7.16)

となる。ここで $\boldsymbol{s}_i = [s_{ix},\ s_{iy},\ s_{iz}]^{\mathrm{T}} \in \mathbb{R}^3$ は，i 座標系から見た i 番リンクの質量中心位置を表し，m_i は i 番リンクの質量を表す。式 (7.16) で与えられた $\bar{H}_i \in \mathbb{R}^{4\times 4}$ は，**疑似慣性行列**（pseudo inertia matrix）と呼ばれる。また，i 座標系まわりの慣性テンソル $\bar{I}_i$ は，式 (3.32) で述べた平行軸の定理により，慣性主軸まわりの慣性テンソル I_i と以下の関係を満たすことに注意されたい。

$$
\bar{I}_i = I_i - m_i[\boldsymbol{s}_i\times]^2
$$
(7.17)

一方，重力加速度ベクトルを $\boldsymbol{g} = [g_x,\ g_y,\ g_z]^{\mathrm{T}}$ とし，$\boldsymbol{g}$ に対して垂直かつ 0 座標系原点を含む平面をポテンシャルの基準面とすると，i 番リンクが持つポテンシャル $\mathcal{U}_i$ は，$\boldsymbol{g}$ を拡張した $\mathbb{R}^4$ ベクトル $\bar{\boldsymbol{g}} = [\boldsymbol{g}^{\mathrm{T}},\ 0]^{\mathrm{T}}$ を用いて

$$
\mathcal{U}_i = -m_i \bar{\boldsymbol{g}}^{\mathrm{T}\,0} T_i \bar{\boldsymbol{s}}_i
$$
(7.18)

と表される。ここで $\bar{\boldsymbol{s}}_i = [\boldsymbol{s}_i^{\mathrm{T}},\ 1]^{\mathrm{T}} \in \mathbb{R}^4$ とする。式 (7.14) および式 (7.18) より，マニピュレータ全体のラグランジアン $\mathcal{L}$ は

$$
\mathcal{L} = \sum_{i=1}^{n} (\mathcal{K}_i - \mathcal{U}_i)
$$
(7.19)

と表されるので，式 (7.19) を式 (6.18) に代入すると

$$
F_i = \sum_{j=i}^{n} \sum_{k=1}^{j} \operatorname{tr}\left[\frac{\partial^0 T_j}{\partial q_k} \bar{H}_j \frac{\partial^0 T_j}{\partial q_i}^{\mathrm{T}} \right] \ddot{q}_k
$$

$$
+ \sum_{j=i}^{n} \sum_{k=1}^{j} \sum_{l=1}^{j} \mathrm{tr} \left[\frac{\partial^{2\,0}T_j}{\partial q_l \partial q_k} \bar{H}_j \frac{\partial^{0}T_j}{\partial q_i}^{\mathrm{T}} \right] \dot{q}_k \dot{q}_l - \sum_{j=i}^{n} m_j \bar{\boldsymbol{g}}^{\mathrm{T}} \frac{\partial^{0}T_j}{\partial q_i} \bar{\boldsymbol{s}}_j
$$

$$\tag{7.20}$$

として，ラグランジュの運動方程式が求まる。式 (7.20) は，i 番リンクに関する運動方程式であるから，$i = 1, 2, \cdots, n$ をまとめて式 (6.72) と同様の書式に従って表すと

$$
H(\boldsymbol{q})\ddot{\boldsymbol{q}} + \left\{ \frac{1}{2}\dot{H}(\boldsymbol{q}) + S(\boldsymbol{q}, \dot{\boldsymbol{q}}) \right\} \dot{\boldsymbol{q}} + \boldsymbol{G}(\boldsymbol{q}) = \boldsymbol{F} \tag{7.21}
$$

となる。ここで式 (7.21) 左辺に含まれる慣性行列 $H(\boldsymbol{q}) \in \mathbb{R}^{n \times n}$ の各要素 h_{ij} は，以下のように表される。

$$
h_{ij} = \sum_{k=\max(i,j)}^{n} \mathrm{tr} \left[\frac{\partial^{0}T_k}{\partial q_i} \bar{H}_k \frac{\partial^{0}T_k}{\partial q_j}^{\mathrm{T}} \right] \tag{7.22}
$$

また，式 (6.70) で述べたように，$S(\boldsymbol{q}, \dot{\boldsymbol{q}}) \in \mathbb{R}^{n \times n}$ は歪対称行列となり，その各要素 s_{ij} も式 (6.71) と同様に，以下のように表される。

$$
s_{ij} = \frac{1}{2} \sum_{k=1}^{n} \left(\frac{\partial h_{ik}}{\partial q_j} \dot{q}_k - \frac{\partial h_{jk}}{\partial q_i} \dot{q}_k \right) \tag{7.23}
$$

式 (7.21) 右辺の $\boldsymbol{F} = [F_1, F_2, \cdots, F_n]^{\mathrm{T}} \in \mathbb{R}^n$ は式 (5.77) で述べた一般化力であるが，ここではアクチュエータからの入力を表しており，直動関節の場合は駆動力 F_i，回転関節の場合は $F_i = \tau_i$ となり駆動トルクを表す。また，左辺最後の項は式 (6.72) と同様に $\boldsymbol{G}(\boldsymbol{q}) = \partial \mathcal{U}/\partial \boldsymbol{q} \in \mathbb{R}^n$ となり，各リンク質量中心に加わる重力項である。

ここで，修正 DH 記法に従い，すべての関節が i 座標系の z 軸まわりに回転（回転関節の場合），もしくは z 軸方向に並進（直動関節の場合）すると仮定すると，式 (7.21) に含まれる一般化位置座標に関する同次変換行列の偏微分は，以下の偏微分演算行列

110   7. 多関節構造体の運動方程式

$$\Lambda_i = \begin{cases} \begin{bmatrix} 0 & -1 & 0 & 0 \\ 1 & 0 & 0 & 0 \\ 0 & 0 & 0 & 0 \\ 0 & 0 & 0 & 0 \end{bmatrix} & (i \text{ 番関節が回転関節の場合}) \\ \begin{bmatrix} 0 & 0 & 0 & 0 \\ 0 & 0 & 0 & 0 \\ 0 & 0 & 0 & 1 \\ 0 & 0 & 0 & 0 \end{bmatrix} & (i \text{ 番関節が直動関節の場合}) \end{cases} \tag{7.24}$$

を用いて，つぎのように表すことができる。

$$\frac{\partial^{i-1}T_i}{\partial q_i} = {}^{i-1}T_i\Lambda_i \tag{7.25}$$

よって，各同次変換行列の一般化座標による偏微分は

$$\frac{\partial^0 T_i}{\partial q_j} = {}^0T_1\,{}^1T_2\cdots{}^{j-1}T_j\Lambda_j\,{}^jT_{j+1}\cdots{}^{n-1}T_n \tag{7.26}$$

として，画一的に計算できる。例えば $\partial^2 {}^0T_i/\partial q_j\partial q_k$ など，複数の一般化座標による複数回の偏微分を行う際には，偏微分の対象となる同次変換行列（${}^{j-1}T_j$ や ${}^{k-1}T_k$）の右側に，式 (7.24) で与えた Λ_i をそれぞれ挿入すればよい。

7.4　2 自由度マニピュレータの運動方程式

　前節で導出した多関節構造体の運動方程式導出法を用いて，2 自由度マニピュレータの運動方程式を実際に導出してみよう。図 **7.3** に示すように，0 座標系をデカルト座標系として設定し，0 座標系の y_0 軸負方向に重力が加わっているとする。つぎに，リンク 1 上に設定する 1 座標系の原点を，0 座標系原点に重なるように設定する。1 座標系の z 軸 z_1 を第一関節の回転軸方向にとり，x_1 軸を手先方向に，y_1 軸を z_1, x_1 と右手系をなすようにとる。同様に，リンク 2 上に設定する 2 座標系の z_2 軸を第二関節の回転軸方向にとり，x_2 軸を手先方

7.4 2自由度マニピュレータの運動方程式

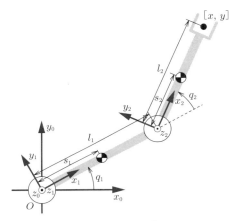

図 **7.3** 2自由度マニピュレータ

向に，y_2軸をz_2，x_2と右手系をなすようにとる．リンク1，リンク2の長さをそれぞれl_1，l_2とし，また，i座標系で表されたリンクiの質量中心位置ベクトルは，それぞれ$\boldsymbol{s}_1 = [s_1, 0, 0]^\mathrm{T}$，$\boldsymbol{s}_2 = [s_2, 0, 0]^\mathrm{T}$と表される．各関節にオフセットは存在しないとすると，修正DH記法による各パラメータは**表7.1**のようになる．表の各パラメータを式(7.8)に代入して，1座標系から0座標系への同次変換行列${}^0T_1$を求めると

$$
{}^0T_1 = \begin{bmatrix} C_{q_1} & -S_{q_1} & 0 & 0 \\ S_{q_1} & C_{q_1} & 0 & 0 \\ 0 & 0 & 1 & 0 \\ 0 & 0 & 0 & 1 \end{bmatrix} \tag{7.27}
$$

となる．同様に，2座標系から1座標系への同次変換行列${}^1T_2$は以下のように求まる．

表 **7.1** 2自由度マニピュレータの各パラメータ

i	a	α	d	θ
1	0	0	0	q_1
2	l_1	0	0	q_2

112　　7. 多関節構造体の運動方程式

$$
{}^1T_2 = \begin{bmatrix} C_{q_2} & -S_{q_2} & 0 & l_1 \\ S_{q_2} & C_{q_2} & 0 & 0 \\ 0 & 0 & 1 & 0 \\ 0 & 0 & 0 & 1 \end{bmatrix}
\tag{7.28}
$$

よって式 (7.27), (7.28) より, 2 座標系から 0 座標系への同次変換行列 ${}^0T_2$ は

$$
\begin{aligned}
{}^0T_2 = {}^0T_1\,{}^1T_2 &= \begin{bmatrix} C_{q_1} & -S_{q_1} & 0 & 0 \\ S_{q_1} & C_{q_1} & 0 & 0 \\ 0 & 0 & 1 & 0 \\ 0 & 0 & 0 & 1 \end{bmatrix} \begin{bmatrix} C_{q_2} & -S_{q_2} & 0 & l_1 \\ S_{q_2} & C_{q_2} & 0 & 0 \\ 0 & 0 & 1 & 0 \\ 0 & 0 & 0 & 1 \end{bmatrix} \\
&= \begin{bmatrix} C_{q_1+q_2} & -S_{q_1+q_2} & 0 & l_1 C_{q_1} \\ S_{q_1+q_2} & C_{q_1+q_2} & 0 & l_1 S_{q_1} \\ 0 & 0 & 1 & 0 \\ 0 & 0 & 0 & 1 \end{bmatrix}
\end{aligned}
\tag{7.29}
$$

として求まる。

　マニピュレータに含まれる関節はすべて回転関節であるため, 偏微分を行う演算行列は

$$
\Lambda = \Lambda_1 = \Lambda_2 = \begin{bmatrix} 0 & -1 & 0 & 0 \\ 1 & 0 & 0 & 0 \\ 0 & 0 & 0 & 0 \\ 0 & 0 & 0 & 0 \end{bmatrix}
\tag{7.30}
$$

となり, 式 (7.30) を用いて偏微分をそれぞれ行うと

$$
\frac{\partial {}^0T_1}{\partial q_1} = {}^0T_1\Lambda = \begin{bmatrix} -S_{q_1} & -C_{q_1} & 0 & 0 \\ C_{q_1} & -S_{q_1} & 0 & 0 \\ 0 & 0 & 0 & 0 \\ 0 & 0 & 0 & 0 \end{bmatrix}
\tag{7.31}
$$

$$\frac{\partial {}^0T_1}{\partial q_2} = \mathbf{0} \tag{7.32}$$

$$\frac{\partial {}^0T_2}{\partial q_1} = {}^0T_1\Lambda {}^1T_2 = \begin{bmatrix} -S_{q_1+q_2} & -C_{q_1+q_2} & 0 & -l_1 S_{q_1} \\ C_{q_1+q_2} & -S_{q_1+q_2} & 0 & l_1 C_{q_1} \\ 0 & 0 & 0 & 0 \\ 0 & 0 & 0 & 0 \end{bmatrix} \tag{7.33}$$

$$\frac{\partial {}^0T_2}{\partial q_2} = {}^0T_1 {}^1T_2\Lambda = \begin{bmatrix} -S_{q_1+q_2} & -C_{q_1+q_2} & 0 & 0 \\ C_{q_1+q_2} & -S_{q_1+q_2} & 0 & 0 \\ 0 & 0 & 0 & 0 \\ 0 & 0 & 0 & 0 \end{bmatrix} \tag{7.34}$$

$$\frac{\partial {}^{20}T_2}{\partial q_1 q_2} = {}^0T_1\Lambda {}^1T_2\Lambda = \begin{bmatrix} -C_{q_1+q_2} & S_{q_1+q_2} & 0 & 0 \\ -S_{q_1+q_2} & -C_{q_1+q_2} & 0 & 0 \\ 0 & 0 & 0 & 0 \\ 0 & 0 & 0 & 0 \end{bmatrix} = \frac{\partial {}^{20}T_2}{\partial q_2 q_1} \tag{7.35}$$

$$\frac{\partial {}^{20}T_2}{\partial q_1^2} = {}^0T_1\Lambda\Lambda {}^1T_2 = \begin{bmatrix} -C_{q_1+q_2} & S_{q_1+q_2} & 0 & -l_1 C_{q_1} \\ -S_{q_1+q_2} & -C_{q_1+q_2} & 0 & -l_1 S_{q_1} \\ 0 & 0 & 0 & 0 \\ 0 & 0 & 0 & 0 \end{bmatrix} \tag{7.36}$$

$$\frac{\partial {}^{20}T_2}{\partial q_2^2} = {}^0T_1 {}^1T_2\Lambda\Lambda = \begin{bmatrix} -C_{q_1+q_2} & S_{q_1+q_2} & 0 & 0 \\ -S_{q_1+q_2} & -C_{q_1+q_2} & 0 & 0 \\ 0 & 0 & 0 & 0 \\ 0 & 0 & 0 & 0 \end{bmatrix} \tag{7.37}$$

と求めることができる。

114   7. 多関節構造体の運動方程式

一方, 各リンクの慣性主軸まわりの慣性テンソル I_i $(i = 1,\ 2)$ を

$$
I_i = \begin{bmatrix} I_{xi} & 0 & 0 \\ 0 & I_{yi} & 0 \\ 0 & 0 & I_{zi} \end{bmatrix} \quad (i = 1,\ 2) \tag{7.38}
$$

とすると, 式 (7.16) および式 (7.17) より, 各リンクの疑似慣性行列 $\bar{H}_i$ $(i = 1,\ 2)$ は, 以下のように求まる。

$$
\bar{H}_1 = \begin{bmatrix} \dfrac{-I_{x1} + I_{y1} + I_{z1} + 2m_1 s_1^2}{2} & 0 & 0 & m_1 s_1 \\ 0 & \dfrac{I_{x1} - I_{y1} + I_{z1}}{2} & 0 & 0 \\ 0 & 0 & \dfrac{I_{x1} + I_{y1} - I_{z1}}{2} & 0 \\ m_1 s_1 & 0 & 0 & m_1 \end{bmatrix}
$$

$$\tag{7.39}$$

$$
\bar{H}_2 = \begin{bmatrix} \dfrac{-I_{x2} + I_{y2} + I_{z2} + 2m_2 s_2^2}{2} & 0 & 0 & m_2 s_2 \\ 0 & \dfrac{I_{x2} - I_{y2} + I_{z2}}{2} & 0 & 0 \\ 0 & 0 & \dfrac{I_{x2} + I_{y2} - I_{z2}}{2} & 0 \\ m_2 s_2 & 0 & 0 & m_2 \end{bmatrix}
$$

$$\tag{7.40}$$

式 (7.39) および式 (7.40), またそれぞれの偏微分式 (7.31)〜(7.37) より, 慣性行列 $H(\boldsymbol{q})$ は以下のように求められる。

$$
H(\boldsymbol{q}) = \begin{bmatrix} h_{11} & h_{12} \\ h_{21} & h_{22} \end{bmatrix} \in \mathbb{R}^{2 \times 2} \tag{7.41}
$$

ここで

$$
\begin{cases}
\begin{aligned}
h_{11} &= \mathrm{tr}\left[\frac{\partial^0 T_1}{\partial q_1}\bar{H}_1 \frac{\partial^0 T_1}{\partial q_1}^{\mathrm{T}}\right] + \mathrm{tr}\left[\frac{\partial^0 T_2}{\partial q_1}\bar{H}_2 \frac{\partial^0 T_2}{\partial q_1}^{\mathrm{T}}\right] \\
&= I_1 + m_1 s_1^2 + m_2\left(l_1^2 + s_2^2 + 2l_1 s_2 \cos q_2\right) + I_2 \\[2mm]
h_{12} &= \mathrm{tr}\left[\frac{\partial^0 T_2}{\partial q_2}\bar{H}_2 \frac{\partial^0 T_2}{\partial q_1}^{\mathrm{T}}\right] \\
&= m_2\left(s_2^2 + l_1 s_2 \cos q_2\right) + I_2 \\[2mm]
h_{21} &= \mathrm{tr}\left[\frac{\partial^0 T_2}{\partial q_1}\bar{H}_2 \frac{\partial^0 T_2}{\partial q_2}^{\mathrm{T}}\right] \\
&= m_2\left(s_2^2 + l_1 s_2 \cos q_2\right) + I_2 \\[2mm]
h_{22} &= \mathrm{tr}\left[\frac{\partial^0 T_2}{\partial q_2}\bar{H}_2 \frac{\partial^0 T_2}{\partial q_2}^{\mathrm{T}}\right] \\
&= m_2 s_2^2 + I_2
\end{aligned}
\end{cases}
\tag{7.42}
$$

である。慣性行列の特徴として，必ずある有限な正の固有値を持つ**正定対称行列**（positive definte symmetric matrix）となることが知られている。実際式(7.42) より，固有値はすべて正となり，また，$h_{12} = h_{21}$ となっていることが確認できる。

　同様にして，コリオリ力や遠心力を含む非線形項は，以下のように求められる。

$$
\left\{\frac{1}{2}\dot{H}(\boldsymbol{q}) + S(\boldsymbol{q},\ \dot{\boldsymbol{q}})\right\}\dot{\boldsymbol{q}} =
\begin{bmatrix}
\displaystyle\sum_{k=1}^{2}\sum_{j=1}^{2}\mathrm{tr}\left[\frac{\partial^{20} T_2}{\partial q_k \partial q_j}\bar{H}_2 \frac{\partial^0 T_2}{\partial q_1}^{\mathrm{T}}\right]\dot{q}_k \dot{q}_j \\
\displaystyle\sum_{k=1}^{2}\sum_{j=1}^{2}\mathrm{tr}\left[\frac{\partial^{20} T_2}{\partial q_k \partial q_j}\bar{H}_2 \frac{\partial^0 T_2}{\partial q_2}^{\mathrm{T}}\right]\dot{q}_k \dot{q}_j
\end{bmatrix}
$$
$$
= \begin{bmatrix}
-m_2 l_1 s_2\left(2\dot{q}_1 \dot{q}_2 + \dot{q}_2^2\right)\sin q_2 \\
m_2 l_1 s_2 \dot{q}_1^2 \sin q_2
\end{bmatrix}
\tag{7.43}
$$

式 (7.43) は非線形項をまとめて導出したが，実際，歪対称行列 $S(\boldsymbol{q},\ \dot{\boldsymbol{q}})$ は

$$S(\boldsymbol{q},\,\dot{\boldsymbol{q}}) = \begin{bmatrix} 0 & -m_2 l_1 s_2 \left(\dot{q} + \dfrac{1}{2}\dot{q}_2\right)\sin q_2 \\ m_2 l_1 s_2 \left(\dot{q} + \dfrac{1}{2}\dot{q}_2\right)\sin q_2 & 0 \end{bmatrix}$$

$$\tag{7.44}$$

と表されるので，確認されたい。

さらに重力項は，重力加速度を g としてデカルト座標系で y 軸負方向へ働いていることから，$\bar{\boldsymbol{g}} = [0,\ -g,\ 0,\ 0]^{\mathrm{T}}$ とすると

$$
\begin{aligned}
\boldsymbol{G}(\boldsymbol{q}) &= \begin{bmatrix} -m_1\bar{\boldsymbol{g}}^{\mathrm{T}}\dfrac{\partial^{0}T_1}{\partial q_1}\bar{\boldsymbol{s}}_1 - m_2\bar{\boldsymbol{g}}^{\mathrm{T}}\dfrac{\partial^{0}T_2}{\partial q_1}\bar{\boldsymbol{s}}_2 \\ -m_1\bar{\boldsymbol{g}}^{\mathrm{T}}\dfrac{\partial^{0}T_1}{\partial q_2}\bar{\boldsymbol{s}}_1 - m_2\bar{\boldsymbol{g}}^{\mathrm{T}}\dfrac{\partial^{0}T_2}{\partial q_2}\bar{\boldsymbol{s}}_2 \end{bmatrix} \\
&= \begin{bmatrix} m_1 s_1 \cos q_1 + m_2\left\{l_1\cos q_1 + s_2\cos(q_1+q_2)\right\} \\ m_2 s_2 \cos(q_1+q_2) \end{bmatrix} g
\end{aligned}
\tag{7.45}
$$

と求められる。ここで $\bar{\boldsymbol{s}}_i = \begin{bmatrix}\boldsymbol{s}_i^{\mathrm{T}},\ 1\end{bmatrix}^{\mathrm{T}}$ $(i = 1,\ 2)$ である。

こうして式 (7.41)〜(7.45) より，各関節への入力トルクを $\boldsymbol{\tau} = [\tau_1,\ \tau_2]^{\mathrm{T}}$ とすると，2 自由度マニピュレータの運動方程式は

$$
\begin{aligned}
\tau_1 &= \left\{I_{1z} + m_1 s_1^2 + I_{2z} + m_2\left(l_1^2 + s_2^2 + 2l_1 s_2 \cos q_2\right)\right\}\ddot{q}_1 \\
&\quad + \left\{I_{2z} + m_2\left(s_2^2 + l_1 s_2 \cos q_2\right)\right\}\ddot{q}_2 - m_2 l_1 s_2\left(2\dot{q}_1\dot{q}_2 + \dot{q}_2^2\right)\sin q_2 \\
&\quad + \left\{m_1 s_1 \cos q_1 + m_2\left(l_1 \cos q_1 + s_2 \cos(q_1+q_2)\right)\right\}g
\end{aligned}
\tag{7.46}
$$

$$
\begin{aligned}
\tau_2 &= \left\{I_{2z} + m_2\left(s_2^2 + l_1 s_2 \cos q_2\right)\right\}\ddot{q}_1 + \left\{I_{2z} + m_2 s_2^2\right\}\ddot{q}_2 \\
&\quad + m_2 l_1 s_2 \dot{q}_1^2 \sin q_2 + m_2 s_2 \cos(q_1+q_2)g
\end{aligned}
\tag{7.47}
$$

と求まった。

章 末 問 題

【1】 マニピュレータの運動方程式 (7.20) と $\dot{\boldsymbol{q}}$ との内積をとると，次式が成立するはずである。

$$\frac{\mathrm{d}}{\mathrm{d}t}\left\{\frac{1}{2}\dot{\boldsymbol{q}}^{\mathrm{T}}H(\boldsymbol{q})\dot{\boldsymbol{q}}+\mathcal{U}(\boldsymbol{q})\right\}=\dot{\boldsymbol{q}}^{\mathrm{T}}\boldsymbol{F}$$

ここに $\mathcal{U}(\boldsymbol{q})$ はマニピュレータのリンク全体のポテンシャルエネルギーである。そこで，自由度 2 のマニピュレータ（図 7.3）について，ポテンシャル $\mathcal{U}(q_1, q_2)$ を具体的に求めよ。

【2】 式 (7.6) の 3×3 行列 $^{i-1}R_i$ は直交行列であることを示せ。

8

ハミルトンの正準方程式

力学系の運動を記述するにはラグランジュの運動方程式が役に立った。それは一般化位置座標 $\boldsymbol{q} = [q_1,\ q_2,\ \cdots,\ q_n]^{\mathrm{T}}$ と一般化速度 $\dot{\boldsymbol{q}} = [\dot{q}_1,\ \dot{q}_2,\ \cdots,\ \dot{q}_n]^{\mathrm{T}}$ で記述され，ラグランジアンを構成することで形式的にも一般的に導出され，実用的にも便利であった。

本章では，一般化速度に代えて，一般化運動量ベクトル $\boldsymbol{p} = [p_1,\ p_2,\ \cdots,\ p_n]^{\mathrm{T}}$ を導入し，一般化位置ベクトル $\boldsymbol{q}$ と対をなしてハミルトニアンを構成する。運動方程式は，ハミルトニアンを用いて，正準方程式と呼ばれる美しい形で表現される。ハミルトニアンは，比較的簡単な事例では，全力学的エネルギー $\mathcal{K} + \mathcal{U}$ になるが，必ずしもそうならない場合もある。ここでは，変分原理からも正準運動方程式が得られることを確認し，ハミルトン–ヤコビの偏微分方程式を導く。また，正準変換の概念を与え，ポアッソンの括弧式を通して正準不変量を調べる。

8.1　一般化運動量とハミルトニアン

力学系の運動方程式は，摩擦力のような外力がないとき，ラグランジアン $\mathcal{L}(\boldsymbol{q},\ \dot{\boldsymbol{q}},\ t)$ を用いて

$$\frac{\mathrm{d}}{\mathrm{d}t}\left(\frac{\partial \mathcal{L}}{\partial \dot{q}_i}\right) - \frac{\partial \mathcal{L}}{\partial q_i} = 0 \quad (i = 1,\ 2,\ \cdots,\ n) \tag{8.1}$$

と表された。ここで力学系の自由度は n とし，拘束条件がある場合（自由度は $f + n$ であり，f は拘束条件式の数），独立な座標成分のみを一般化座標に繰り込むとする。一般化運動量ベクトル $\boldsymbol{p} = [p_1,\ p_2,\ \cdots,\ p_n]^{\mathrm{T}}$ をつぎのように定

8.1 一般化運動量とハミルトニアン　　119

義しよう。

$$p_i = \frac{\partial \mathcal{L}}{\partial \dot{q}_i} \quad (i = 1, \ 2, \ \cdots, \ n) \tag{8.2}$$

式 (8.2) は，形式的に

$$\boldsymbol{p} = \frac{\partial \mathcal{L}}{\partial \dot{\boldsymbol{q}}} \tag{8.3}$$

と表すことができる。ラグランジアン $\mathcal{L}$ が $\boldsymbol{q}$, $\dot{\boldsymbol{q}}$ および t の関数なので，p_i も同様であり，これを

$$p_i = p_i(\boldsymbol{q}, \ \dot{\boldsymbol{q}}, \ t) \tag{8.4}$$

と表すことにする。このとき，式 (8.1) から

$$\dot{p}_i = \frac{\partial \mathcal{L}}{\partial q_i} \quad (i = 1, \ 2, \ \cdots, \ n) \tag{8.5}$$

が成立する。これは式 (8.3) に対比させて

$$\dot{\boldsymbol{p}} = \frac{\partial \mathcal{L}}{\partial \boldsymbol{q}} \tag{8.6}$$

と形式化することもできる。ここで，式 (8.5) を参照しながら $\mathcal{L}$ の全微分を導出すると

$$\begin{aligned}
\mathrm{d}\mathcal{L} &= \sum_{i=1}^{n} \left(\frac{\partial \mathcal{L}}{\partial q_i} \mathrm{d}q_i + \frac{\partial \mathcal{L}}{\partial \dot{q}_i} \mathrm{d}\dot{q}_i \right) + \frac{\partial \mathcal{L}}{\partial t} \mathrm{d}t \\
&= \sum_{i=1}^{n} \left(\dot{p}_i \mathrm{d}q_i + p_i \mathrm{d}\dot{q}_i \right) + \frac{\partial \mathcal{L}}{\partial t} \mathrm{d}t \\
&= \mathrm{d}\left(\sum_{i=1}^{n} p_i \dot{q}_i \right) + \sum_{i=1}^{n} \left(\dot{p}_i \mathrm{d}q_i - \dot{q}_i \mathrm{d}p_i \right) + \frac{\partial \mathcal{L}}{\partial t} \mathrm{d}t
\end{aligned} \tag{8.7}$$

と表される。これをつぎのように書き直してみる。

$$\mathrm{d}\left(\sum_{i=1}^{n} p_i \dot{q}_i - \mathcal{L} \right) = \sum_{i=1}^{n} \left(\dot{q}_i \mathrm{d}p_i - \dot{p}_i \mathrm{d}q_i \right) - \frac{\partial \mathcal{L}}{\partial t} \mathrm{d}t \tag{8.8}$$

ここで式 (8.8) 左辺の括弧 ( ) の中を

$$\mathcal{H} = \sum_{i=1}^{n} p_i \dot{q}_i - \mathcal{L}(\boldsymbol{q}, \ \dot{\boldsymbol{q}}, \ t) \tag{8.9}$$

120   8. ハミルトンの正準方程式

と置こう。右辺には $\boldsymbol{q}$, $\dot{\boldsymbol{q}}$, $\boldsymbol{p}$ の成分が混在しているが，ここで式 (8.4) を $\dot{\boldsymbol{q}}$ について解く（つまり，式 (8.3) から $\dot{\boldsymbol{q}}$ を $\boldsymbol{p}$, $\boldsymbol{q}$, t の関数として解く）ことができるとして，関数

$$\dot{q}_i = \dot{q}_i(\boldsymbol{q}, \boldsymbol{p}, t) \tag{8.10}$$

が得られるとすると，式 (8.9) 右辺の $\dot{q}_i$ も $\boldsymbol{q}$, $\boldsymbol{p}$ の関数となるので，$\mathcal{H}$ を

$$\mathcal{H} = \mathcal{H}(\boldsymbol{q}, \boldsymbol{p}, t) \tag{8.11}$$

と表すことができる。このように，一般化位置 $\boldsymbol{q}$ と一般化運動量 $\boldsymbol{p}$ で書き表された $\mathcal{H}$ を，**ハミルトニアン**（Hamiltonian）と呼ぶ。また，式 (8.9) の形式に関する独立変数 $\boldsymbol{q}$, $\dot{\boldsymbol{q}}$ から $\boldsymbol{q}$, $\boldsymbol{p}$ への変換を**ルジャンドル変換**（Legendre transformation）という。

式 (8.11) の全微分を導出すると

$$\mathrm{d}\mathcal{H} = \sum_{i=1}^{n} \left(\frac{\partial \mathcal{H}}{\partial q_i} \mathrm{d}q_i + \frac{\partial \mathcal{H}}{\partial p_i} \mathrm{d}p_i \right) + \frac{\partial \mathcal{H}}{\partial t} \mathrm{d}t \tag{8.12}$$

となる。これを式 (8.8) と比較すると

$$\dot{q}_i = \frac{\partial \mathcal{H}}{\partial p_i}, \quad \dot{p}_i = -\frac{\partial \mathcal{H}}{\partial q_i} \quad (i = 1, 2, \cdots, n) \tag{8.13}$$

および

$$\frac{\partial \mathcal{H}}{\partial t} = -\frac{\partial \mathcal{L}}{\partial t} \tag{8.14}$$

が得られる。式 (8.13) はベクトル形式を用いて

$$\dot{\boldsymbol{q}} = \frac{\partial \mathcal{H}}{\partial \boldsymbol{p}}, \quad \dot{\boldsymbol{p}} = -\frac{\partial \mathcal{H}}{\partial \boldsymbol{q}} \tag{8.15}$$

と表すこともできる。これを**ハミルトンの正準運動方程式**，あるいは単に**正準方程式**（canonical equation）と呼ぶ。

図 5.2 に示した球面振り子の例について，一般化位置座標を $\boldsymbol{q} = [\phi, \theta]^{\mathrm{T}}$ ととると，ラグランジアンは

$$\mathcal{L} = \mathcal{K} - \mathcal{U} = \frac{ml^2}{2}\left(\dot{\phi}^2 + \dot{\theta}^2 \sin^2\phi\right) + mgl\cos\phi \tag{8.16}$$

であった（式 (6.47) 参照）。これより一般化運動量は

$$\begin{cases} p_\phi = \dfrac{\partial \mathcal{L}}{\partial \dot{\phi}} = ml^2 \dot{\phi} \\[3mm] p_\theta = \dfrac{\partial \mathcal{L}}{\partial \dot{\theta}} = ml^2 \dot{\theta} \sin^2\phi \end{cases} \tag{8.17}$$

となる。これよりハミルトニアンは

$$\begin{aligned} \mathcal{H} &= p_\phi \dot{\phi} + p_\theta \dot{\theta} - \mathcal{L} \\ &= ml^2 \dot{\phi}^2 + ml^2 \dot{\theta}\sin^2\phi - \frac{ml^2}{2}\left(\dot{\phi}^2 + \dot{\theta}^2 \sin^2\phi\right) - mgl\cos\phi \\ &= \frac{ml^2}{2}\left(\dot{\phi}^2 + \dot{\theta}\sin^2\phi\right) - mgl\cos\phi \\ &= \frac{1}{2ml^2}\left(p_\phi^2 + \frac{p_\theta^2}{\sin^2\phi}\right) - mgl\cos\phi \end{aligned} \tag{8.18}$$

となる。式 (8.18) の導出過程で示されているように，式 (8.18) では

$$\mathcal{H} = \mathcal{K} + \mathcal{U} \tag{8.19}$$

となっていることに注意する。正準方程式は

$$\frac{\mathrm{d}}{\mathrm{d}t}\begin{bmatrix} p_\phi \\ p_\theta \end{bmatrix} = -\begin{bmatrix} \dfrac{\partial \mathcal{H}}{\partial \phi} \\[3mm] \dfrac{\partial \mathcal{H}}{\partial \theta} \end{bmatrix} = \begin{bmatrix} \dfrac{p_\theta^2}{2ml^2}\left(\dfrac{\cos\phi}{\sin^3\phi}\right) - mgl\sin\phi \\[3mm] 0 \end{bmatrix} \tag{8.20}$$

となる。式 (8.20) 上段の p_ϕ に関する微分方程式は，式 (6.48) 下段の式と一致することを確かめられたい。式 (8.20) 下段の p_θ に関する式は，$\dot{p}_\theta = 0$ を意味している。これは

$$ml^2 \dot{\theta}\sin^2\phi = \text{const.} \tag{8.21}$$

であることを示しており，式 (8.21) の両辺を時間 t で微分することにより，これが式 (6.48) 上段の式に一致することが確かめられる。式 (8.21) は，角運動量が不変になることを意味しているが，これが正準方程式から直接的に導かれて

122   8. ハミルトンの正準方程式

いることに注意したい。これはまた，この例において面積速度が一定であることを表している。

8.2 正準方程式と保存則

デカルト座標系（慣性座標系）と一般化座標との間には，一般的に関係式

$$x_i = x(q_1,\ q_2,\ \cdots,\ q_n,\ t) \quad (i = 1,\ 2,\ \cdots,\ N) \tag{8.22}$$

があるとした（式 (5.57) 参照）。式 (8.22) を時間 t で微分すると

$$\dot{x}_i = \sum_{j=1}^{n} \frac{\partial x_i}{\partial q_j} \dot{q}_j + \frac{\partial x_i}{\partial t} \quad (i = 1,\ 2,\ \cdots,\ N) \tag{8.23}$$

となる。これより，運動エネルギー $\mathcal{K}$ は以下のように表される。

$$
\begin{aligned}
\mathcal{K} &= \frac{1}{2} \sum_{i=1}^{N} m_i \dot{x}_i^2 \\
&= \frac{1}{2} \sum_{j,k=1}^{n} \left(\sum_{i=1}^{N} m_i \frac{\partial x_i}{\partial q_j} \frac{\partial x_i}{\partial q_k} \right) \dot{q}_j \dot{q}_k \\
&\quad + \sum_{j=1}^{n} \left(\sum_{i=1}^{N} m_i \frac{\partial x_i}{\partial q_j} \frac{\partial x_i}{\partial t} \right) \dot{q}_j + \frac{1}{2} \sum_{i=1}^{N} m_i \left(\frac{\partial x_i}{\partial t} \right)^2
\end{aligned} \tag{8.24}
$$

ここでは，x_i が t を陽に含まない場合を考えよう。このとき，$\partial x_i/\partial t = 0$ となるので，$\mathcal{K}$ は $\dot{q}_j$ の対称な二次形式となり，6.3 節で論じたように

$$\mathcal{K} = \frac{1}{2} \sum_{j,k=1}^{n} h_{jk} \dot{q}_j \dot{q}_k = \frac{1}{2} \dot{\boldsymbol{q}}^{\mathrm{T}} H(\boldsymbol{q}) \dot{\boldsymbol{q}} \tag{8.25}$$

と表すことができる。ここで $H(\boldsymbol{q}) = [h_{jk}(\boldsymbol{q})]$ は，非負定の対称行列である。ポテンシャル $\mathcal{U}$ は速度に依存しないので，運動量ベクトルの各成分 p_i は

$$p_i = \frac{\partial \mathcal{L}}{\partial \dot{q}_i} = \frac{\partial \mathcal{K}}{\partial \dot{q}_i} = \sum_{j=1}^{n} h_{ij} \dot{q}_j \tag{8.26}$$

となる。したがって

$$\sum_{i=1}^{n} p_i \dot{q}_i = \sum_{i,j=1}^{n} h_{ij}(\boldsymbol{q})\dot{q}_i \dot{q}_j = 2\mathcal{K} \tag{8.27}$$

を得る。そして，式 (8.9) で表されたハミルトニアンの定義により

$$\mathcal{H} = 2\mathcal{K} - (\mathcal{K} - \mathcal{U}) = \mathcal{K} + \mathcal{U} \tag{8.28}$$

となる。すなわち，ハミルトニアンは全力学的エネルギーである。

ラグランジアンによる運動表現では，運動の状態を表すために一般化位置ベクトル $\boldsymbol{q} = [q_1,\ q_2,\ \cdots,\ q_n]^{\mathrm{T}}$ と一般化速度ベクトル $\dot{\boldsymbol{q}} = [\dot{q}_1,\ \dot{q}_2,\ \cdots,\ \dot{q}_n]^{\mathrm{T}}$ を用いた。これに対して，ハミルトニアンによる運動表現では，一般化位置ベクトル $\boldsymbol{q}$ と，一般化運動量ベクトル $\boldsymbol{p}$ を用いる。そこで，それぞれの座標成分 $q_1,\ q_2,\ \cdots,\ q_n,\ p_1,\ p_2,\ \cdots,\ p_n$ を直交軸とする $2n$ 次元空間 $\mathbb{R}^{2n}$ を考え，この空間の各点を運動の状態に対応させる。このとき，この $2n$ 次元空間を**位相空間**（phase space）と呼ぶ。運動の時間的発展は，位相空間の中の点の動く様（点のたどる軌跡）と考えられる。

2 章の図 2.5 で示した単振り子の運動方程式は

$$ml^2\ddot{\theta} + mgl\sin\theta = 0 \tag{8.29}$$

であり，ラグランジアンは

$$\mathcal{L} = \frac{1}{2}ml^2\dot{\theta}^2 - mgl\left(1 - \cos\theta\right) \tag{8.30}$$

である。したがって，運動量は $p = \partial\mathcal{L}/\partial\theta = ml^2\dot{\theta}$ であり，$\theta = q$ と置いてハミルトニアンを導出すると

$$\begin{aligned}
\mathcal{H} &= p\dot{q} - \mathcal{L} = \frac{p^2}{ml^2} - \frac{m}{2}l^2\dot{q}^2 + mgl\left(1 - \cos q\right) \\
&= \frac{1}{2ml^2}p^2 + mgl\left(1 - \cos q\right)
\end{aligned} \tag{8.31}$$

となる。この場合

$$\frac{\mathrm{d}}{\mathrm{d}t}\mathcal{H} = \frac{1}{ml^2}p\dot{p} + mgl\dot{q}\sin q$$

8. ハミルトンの正準方程式

$$= \dot{q}\left(ml^2\ddot{q} + mgl\sin q\right)$$
$$= 0 \tag{8.32}$$

つまり，$\mathcal{H} = \text{const.}$ となるので，この定数を E と置くと

$$\frac{1}{2ml^2}p^2 + mgl^2(1-\cos q) = E \tag{8.33}$$

となる。q の絶対値が小さい範囲内であれば，位相空間の点 $[q, p]$ の軌道は図 8.1 に示すような閉軌道となり，それは楕円に近い。運動の進む方向は矢印の向きになることを確かめられたい。もう一つの例として，対称コマの運動を記述するため，そのハミルトニアンを導出してみよう。図 8.2 に示すように，コマの下端を固定点として，コマの対称軸を ψ 軸にとり，これに垂直な平面上に ξ 軸，η 軸をとる。ここで $\phi(=\zeta)$，ξ，η は，3.2 節で示したオイラー角をとるときに用いた，右ねじの法則に角速度ベクトル ω をとった場合の直交軸とする

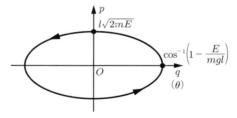

図 8.1　位相空間の点軌跡で表した運動の状態

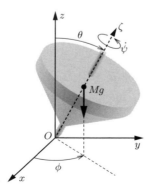

図 8.2　対称コマ

8.2　正準方程式と保存則　　125

（図 3.1 参照）。また，ζ 軸まわりの慣性モーメントを I_3，ξ 軸まわりおよび η 軸まわりの慣性モーメントは等しいとして，それを I_1 で表す。これらの対称性から，ξ, η, ζ 軸は原点 O を通る慣性主軸となっていることに注意する。このとき，コマの運動エネルギーは

$$
\begin{aligned}
\mathcal{K} &= \frac{1}{2}\left\{I_1\left(\omega_\xi^2+\omega_\eta^2\right)+I_3\omega_\zeta^2\right\} \\
&= \frac{1}{2}\left\{I_1\left(\dot\theta\sin\psi-\dot\phi\sin\theta\cos\psi\right)^2+I_1\left(\dot\theta\cos\psi+\dot\phi\sin\theta\sin\psi\right)^2\right. \\
&\quad\left.+I_3\left(\dot\phi\cos\theta+\dot\psi\right)^2\right\} \\
&= \frac{1}{2}I_1\left(\dot\theta^2+\dot\phi^2\sin^2\theta\right)+\frac{1}{2}I_3\left(\dot\psi+\dot\phi\cos\theta\right)^2 \tag{8.34}
\end{aligned}
$$

となる。ポテンシャルは，支点から重心までの長さを l とすれば

$$
\mathcal{U}=Mgl\cos\theta \tag{8.35}
$$

と表される。そこで $\mathcal{L}=\mathcal{K}-\mathcal{U}$ と置けば，一般化運動量はそれぞれ

$$
\begin{cases}
p_\theta=\dfrac{\partial\mathcal{L}}{\partial\dot\theta}=I_1\dot\theta \\[2mm]
p_\phi=\dfrac{\partial\mathcal{L}}{\partial\dot\phi}=I_1\dot\phi\sin^2\theta+I_3\left(\dot\psi+\dot\phi\cos\theta\right)\cos\theta \\[2mm]
p_\psi=\dfrac{\partial\mathcal{L}}{\partial\dot\psi}=I_3\left(\dot\psi+\dot\phi\cos\theta\right)
\end{cases} \tag{8.36}
$$

となる。式 (8.36) から

$$
\dot\theta=\frac{1}{I_1}p_\theta,\quad \dot\psi+\dot\phi\cos\theta=\frac{1}{I_3}p_\psi,\quad \dot\phi=\frac{p_\phi-p_\psi\cos\theta}{I_1\sin^2\theta} \tag{8.37}
$$

となるので，これらを $\mathcal{H}=p_\theta\dot\theta+p_\phi\dot\phi+p_\psi\dot\psi-\mathcal{L}$ に代入すると

$$
\mathcal{H}=\frac{1}{2I_1}\left\{p_\theta^2+\frac{\left(p_\phi-p_\psi\cos\theta\right)^2}{\sin^2\theta}\right\}+\frac{p_\psi^2}{2I_3}+Mgl\cos\theta \tag{8.38}
$$

となる。ここで，$\mathcal{H}$ には，ψ と ϕ は直接的に入っていないことに注意しておこう。それにより

126   8. ハミルトンの正準方程式

$$\frac{\partial \mathcal{H}}{\partial \psi} = 0, \quad \frac{\partial \mathcal{H}}{\partial \phi} = 0 \tag{8.39}$$

となり

$$p_\phi = I_1 \dot{\phi} \sin^2 \theta + I_3 \left(\dot{\psi} + \dot{\phi} \cos \theta \right) \cos \theta = \text{const.} \tag{8.40}$$

$$p_\psi = \frac{\partial \mathcal{L}}{\partial \dot{\psi}} = I_3 \left(\dot{\psi} + \dot{\phi} \cos \theta \right) = \text{const.} \tag{8.41}$$

となる。一般化座標のある座標成分 q_i がハミルトニアン $\mathcal{H}$ に陽に入っていない場合，$\partial \mathcal{H}/\partial q_i = 0$ となるので $p_i = \text{const.}$ となるが，このような座標成分を **循環座標**（cyclic coordinate）という。8.1 節で取り上げた球面振り子において，$q_1 = \theta$ については $\partial \mathcal{H}/\partial \theta = 0$ であったので，それは循環座標である。対称コマ（図 8.2）の例では，二つの座標成分 ψ, ϕ が循環座標となり，運動方程式の一部は積分可能となる。実際，式 (8.41) から

$$\dot{\psi} + \dot{\phi} \cos \theta = \text{const.} = c_0 \tag{8.42}$$

と置くと，式 (8.40) は

$$I_1 \dot{\phi} \sin^2 \theta + I_3 c_0 \cos \theta = \text{const.} \tag{8.43}$$

と表すことができる。こうして $\dot{\phi}$ が θ の関数であることがわかり，再び式 (8.42) に基づくと，$\dot{\psi}$ も θ の関数となることがわかる。θ は全力学的エネルギー保存則から決められるはずであるが，実際にはその式は非常に複雑であり，陽に表現することは難しい。そのエネルギー保存則は，正準方程式 (8.13) とハミルトニアン $\mathcal{H}$ が t を陽に含まないことから，$\mathcal{H}$ を t で微分すると

$$\begin{aligned}
\frac{\mathrm{d}}{\mathrm{d}t} \mathcal{H} &= \left(\frac{\partial \mathcal{H}}{\partial \boldsymbol{q}} \right)^{\mathrm{T}} \dot{\boldsymbol{q}} + \left(\frac{\partial \mathcal{H}}{\partial \boldsymbol{p}} \right)^{\mathrm{T}} \dot{\boldsymbol{p}} + \frac{\partial \mathcal{H}}{\partial t} \\
&= -\dot{\boldsymbol{p}}^{\mathrm{T}} \dot{\boldsymbol{q}} + \dot{\boldsymbol{q}}^{\mathrm{T}} \dot{\boldsymbol{p}} + 0 \\
&= 0
\end{aligned} \tag{8.44}$$

となり成立する。さらに θ の変動が非常に小さく，$\dot{\theta} \approx 0$ と近似できるときには，式 (8.43) から $\dot{\phi} \approx c_1$ と近似でき，これはコマの回転軸が z 軸と傾き角 θ のまま

一定の角速度で z 軸まわりに回りつつ（これをコマの**歳差運動**（precession）という），コマそのものの回転運動も一定の回転速度 $\dot{\psi}$ で回っていることになる。

8.3 ポアッソンの括弧式

ハミルトニアンは力学系の状態を表す一般化位置座標ベクトル $\boldsymbol{q}$ と，運動量ベクトル $\boldsymbol{p}$，および時間 t の関数であり，$\mathcal{H}(\boldsymbol{q}, \boldsymbol{p}, t)$ で表した。そこで同じ力学系について，任意の力学量 $\mathcal{F}(\boldsymbol{q}, \boldsymbol{p}, t)$ を考え，その時間変化をとってみよう。それは

$$\frac{\mathrm{d}}{\mathrm{d}t}\mathcal{F} = \sum_{i=1}^{n} \frac{\partial \mathcal{F}}{\partial q_i}\frac{\mathrm{d}q_i}{\mathrm{d}t} + \sum_{i=1}^{n} \frac{\partial \mathcal{F}}{\partial p_i}\frac{\mathrm{d}p_i}{\mathrm{d}t} + \frac{\partial \mathcal{F}}{\partial t} \tag{8.45}$$

と表されるので，式 (8.45) 右辺に式 (8.15) の正準方程式を代入すると

$$\frac{\mathrm{d}}{\mathrm{d}t}\mathcal{F} = \sum_{i=1}^{n} \left(\frac{\partial \mathcal{F}}{\partial q_i}\frac{\partial \mathcal{H}}{\partial p_i} - \frac{\partial \mathcal{F}}{\partial p_i}\frac{\partial \mathcal{H}}{\partial q_i} \right) + \frac{\partial \mathcal{F}}{\partial t} \tag{8.46}$$

が得られる。そこで式 (8.46) 右辺の括弧 ( ) の形を見ながら，一般的に二つの力学量 $\mathcal{F}$，$\mathcal{G}$ について定義される**ポアッソンの括弧式**（Poisson bracket）

$$\{\mathcal{F}, \mathcal{G}\} = \sum_{i=1}^{n} \left(\frac{\partial \mathcal{F}}{\partial q_i}\frac{\partial \mathcal{G}}{\partial p_i} - \frac{\partial \mathcal{F}}{\partial p_i}\frac{\partial \mathcal{G}}{\partial q_i} \right) \tag{8.47}$$

を導入しよう。この定義式を用いると，式 (8.46) は

$$\frac{\mathrm{d}}{\mathrm{d}t}\mathcal{F} = \{\mathcal{F}, \mathcal{H}\} + \frac{\partial \mathcal{F}}{\partial t} \tag{8.48}$$

と書き表される。特に，$\mathcal{F}$ が時間 t に陽によらず，$\mathcal{F}(\boldsymbol{q}, \boldsymbol{p})$ と表される場合には

$$\frac{\mathrm{d}}{\mathrm{d}t}\mathcal{F} = \{\mathcal{F}, \mathcal{H}\} \tag{8.49}$$

となる。

つぎに，力学量 $\mathcal{F}(\boldsymbol{q}, \boldsymbol{p}, t)$ が一定値をとるものであれば（そのような力学量が見つかれば），式 (8.48) から

128   8. ハミルトンの正準方程式

$$\{\mathcal{F}, \mathcal{H}\} + \frac{\partial \mathcal{F}}{\partial t} = 0 \tag{8.50}$$

となる。ここで $\mathcal{F}$ が時間 t に陽によらないときには

$$\{\mathcal{F}, \mathcal{H}\} = 0 \tag{8.51}$$

となる。すなわち，時間 t に陽には依存せず，また，$\boldsymbol{q}$, $\boldsymbol{p}$ を通じても t に依存しない力学量 $\mathcal{F}$ があれば，$\mathcal{F}$ とハミルトニアンでつくったポアッソン括弧式はゼロになることがわかる。

ここで $\mathcal{F}$ としてハミルトニアン $\mathcal{H}$ それ自身をとってみると，ポアッソンの括弧式の定義（式 (8.47)）そのものからわかるように $\{\mathcal{H}, \mathcal{H}\} = 0$ であるから，式 (8.48) より

$$\frac{\mathrm{d}}{\mathrm{d}t}\mathcal{H} = \frac{\partial \mathcal{H}}{\partial t} \tag{8.52}$$

となる。ハミルトニアン $\mathcal{H}$ が t に直接的に依存しないとき，$\partial \mathcal{H}/\partial t = 0$ なので，$\mathrm{d}\mathcal{H}/\mathrm{d}t = 0$ となり

$$\mathcal{H}(\boldsymbol{q}, \boldsymbol{p}) = \mathrm{const.} \tag{8.53}$$

となる。これは力学的エネルギー保存則を表している。

ポアッソンの括弧式については，つぎのような性質がある。

1)　$\{\mathcal{A}, \mathcal{B}\} = -\{\mathcal{B}, \mathcal{A}\}$

2)　a, b を定数とすると，$\{a\mathcal{A} + b\mathcal{B}, \mathcal{C}\} = a\{\mathcal{A}, \mathcal{C}\} + b\{\mathcal{B}, \mathcal{C}\}$

3)　$\{\mathcal{A}, \mathcal{B}\mathcal{C}\} = \mathcal{B}\{\mathcal{A}, \mathcal{C}\} + \{\mathcal{A}, \mathcal{B}\}\mathcal{C}$

4)　ポアッソンの恒等式

$$\{\mathcal{A}, \{\mathcal{B}, \mathcal{C}\}\} = \{\mathcal{B}, \{\mathcal{C}, \mathcal{A}\}\} + \{\mathcal{C}, \{\mathcal{A}, \mathcal{B}\}\}$$

これら四つの性質のうち，1)，2)，3) は定義式 (8.47) から容易に示せるが，4) については，括弧式をすべて定義式に従って p_i, q_j の偏微分の項別に書き下し，総和を求めて確かめることができる。また，以下の式は容易に示すことができる。

$$\{q_i,\ q_j\} = 0, \quad \{p_i,\ p_j\} = 0, \quad \{q_i,\ p_j\} = \delta_{ij} \tag{8.54}$$

いままでの議論はすべて，外力のないラグランジュの運動方程式 (8.1) から出発した。もし，外力として摩擦力 $c_i\dot{q}_i$ や制御入力 u_i があるとすれば，ラグランジュの運動方程式は 6.5 節で論じたように

$$\frac{\mathrm{d}}{\mathrm{d}t}\left(\frac{\partial \mathcal{L}}{\partial \dot{q}_i}\right) - \frac{\partial \mathcal{L}}{\partial q_i} = -c_i\dot{q}_i + u_i \quad (i = 1,\ 2,\ \cdots,\ n) \tag{8.55}$$

と表される。ベクトル形式で書くと

$$\frac{\mathrm{d}}{\mathrm{d}t}\left(\frac{\partial \mathcal{L}}{\partial \dot{\boldsymbol{q}}}\right) - \frac{\partial \mathcal{L}}{\partial \boldsymbol{q}} = -C\dot{\boldsymbol{q}} + \boldsymbol{u} \tag{8.56}$$

となる。ここで C は非負定対角行列であり，$\boldsymbol{u} = [u_1,\ u_2,\ \cdots,\ u_n]^{\mathrm{T}}$ は，制御入力ベクトル，あるいは強制項である。このような場合も，一般化運動量ベクトルを式 (8.3) のように定義することができるが，式 (8.5) はつぎのように書き直さなければならない。

$$\dot{p}_i = \frac{\partial \mathcal{L}}{\partial q_i} - c_i\dot{q}_i + u_i \quad (i = 1,\ 2,\ \cdots,\ n) \tag{8.57}$$

その結果，式 (8.8) は

$$
\begin{aligned}
\mathrm{d}\mathcal{H} &= \mathrm{d}\left(\sum_{i=1}^{n} p_i\dot{q}_i - \mathcal{L}\right) \\
&= \sum_{i=1}^{n}\{\dot{q}_i\mathrm{d}p_i - (\dot{p}_i + c_i\dot{q}_i - u_i)\,\mathrm{d}q_i\} - \frac{\partial \mathcal{L}}{\partial t}\mathrm{d}t
\end{aligned}
\tag{8.58}$$

と書き改められる。その結果，正準方程式は

$$\begin{cases} \dot{\boldsymbol{q}} = \dfrac{\partial \mathcal{H}}{\partial \boldsymbol{p}} \\[2mm] \dot{\boldsymbol{p}} = -\dfrac{\partial \mathcal{H}}{\partial \boldsymbol{q}} - C\dot{\boldsymbol{q}} + \boldsymbol{u} \end{cases} \tag{8.59}$$

と書けることになる。ここでハミルトニアン $\mathcal{H}$ は，時間 t に陽によらず，$\boldsymbol{p}$, $\boldsymbol{q}$ の関数とする。式 (8.15) とは異なり，式 (8.59) 第二式右辺に摩擦や強制外力項が加わってくることに注意しておきたい。このような場合にも，ある物理量 $\mathcal{F}$

130   8. ハミルトンの正準方程式

を想定し，その時間微分をとると

$$\frac{\mathrm{d}}{\mathrm{d}t}\mathcal{F} = \sum_{i=1}^{n}\left(\frac{\partial \mathcal{F}}{\partial q_i}\frac{\partial \mathcal{H}}{\partial p_i} - \frac{\partial \mathcal{F}}{\partial p_i}\frac{\partial \mathcal{H}}{\partial q_i}\right) + \frac{\partial \mathcal{F}}{\partial t} - \sum_{i=1}^{n}\frac{\partial \mathcal{F}}{\partial p_i}\left(c_i\dot{q}_i - u_i\right)$$

$$= \{\mathcal{F},\ \mathcal{H}\} + \frac{\partial \mathcal{F}}{\partial t} - \frac{\partial \mathcal{F}}{\partial \boldsymbol{p}}^{\mathrm{T}}\left(C\dot{\boldsymbol{q}} - \boldsymbol{u}\right) \tag{8.60}$$

となる。なお，$\{\mathcal{F},\ \mathcal{H}\}$ はポアッソンの括弧式である。ここで $\mathcal{F} = \mathcal{H}$ と置いてみると，$\{\mathcal{H},\ \mathcal{H}\} = 0$ であるから，式 (8.60) は

$$\frac{\mathrm{d}}{\mathrm{d}t}\mathcal{H} = -\dot{\boldsymbol{q}}^{\mathrm{T}}C\dot{\boldsymbol{q}} + \dot{\boldsymbol{q}}^{\mathrm{T}}\boldsymbol{u} \tag{8.61}$$

となる。

　上述の解析が有効に働く好例として，自由度 2 の平面ロボットの姿勢を制御する問題を考えてみよう（図 7.3 参照）。この例では，二つの回転軸がともに鉛直方向にあるので，平面運動は重力の影響を受けないとしても差し支えない。したがって，ハミルトニアンは

$$\mathcal{H} = \mathcal{K} = \frac{1}{2}\dot{\boldsymbol{q}}^{\mathrm{T}}H(\boldsymbol{q})\dot{\boldsymbol{q}} = \frac{1}{2}\boldsymbol{p}^{\mathrm{T}}H^{-1}(\boldsymbol{q})\boldsymbol{p} \tag{8.62}$$

となる。ここで $H(\boldsymbol{q})$ は，$\mathbb{R}^{2\times 2}$ の慣性行列であり，詳細は 7.4 節で論じられ，式 (7.41) で与えられている。問題は，ロボットの姿勢 $\boldsymbol{q}$ を，所望の位置 $\boldsymbol{q}_d = [q_{1d},\ q_{2d}]^{\mathrm{T}}$ に制御する強制入力 $\boldsymbol{u}$ を設計することである。そこで，**PD** フィードバック（位置（position）とその微分（differential））と呼ばれる形式

$$\boldsymbol{u} = -C_1\dot{\boldsymbol{q}} - A\left(\boldsymbol{q} - \boldsymbol{q}_d\right) \tag{8.63}$$

で定めてみよう。ここで C_1 は正定対角行列，A も正定対角行列とする。このとき，$\dot{\boldsymbol{q}}$ と $\boldsymbol{u}$ の内積をとってみると

$$\dot{\boldsymbol{q}}^{\mathrm{T}}\boldsymbol{u} = -\dot{\boldsymbol{q}}^{\mathrm{T}}C_1\dot{\boldsymbol{q}} - \frac{\mathrm{d}}{\mathrm{d}t}\left(\frac{1}{2}\Delta\boldsymbol{q}^{\mathrm{T}}A\Delta\boldsymbol{q}\right) \tag{8.64}$$

となる。なお，$\Delta\boldsymbol{q} = \boldsymbol{q} - \boldsymbol{q}_d$ と置いた。式 (8.64) を式 (8.61) に代入すると

$$\frac{\mathrm{d}}{\mathrm{d}t}\left\{\mathcal{H} + \frac{1}{2}\Delta\boldsymbol{q}^{\mathrm{T}}A\Delta\boldsymbol{q}\right\} = -\dot{\boldsymbol{q}}^{\mathrm{T}}\left(C + C_1\right)\dot{\boldsymbol{q}} \tag{8.65}$$

となる。式 (8.65) 右辺は，$\dot{\boldsymbol{q}}$ について負定値であり，左辺の括弧 { } の中は，$\Delta\boldsymbol{q}$ について正定かつ $\dot{\boldsymbol{q}}$ について正定である。このことから，6.5 節で論じたように，物理量

$$\mathcal{F}(\boldsymbol{q},\ \dot{\boldsymbol{q}}) = \frac{1}{2}\dot{\boldsymbol{q}}^{\mathrm{T}}H(\boldsymbol{q})\dot{\boldsymbol{q}} + \frac{1}{2}\Delta\boldsymbol{q}^{\mathrm{T}}A\Delta\boldsymbol{q} \tag{8.66}$$

は，$\dot{\boldsymbol{q}} = \boldsymbol{0}$ でない限り減少することになり，$t \to \infty$ のとき $\Delta\boldsymbol{q} \to \boldsymbol{0}$，すなわち $\boldsymbol{q} \to \boldsymbol{q}_d$ となる（数学的に厳密な議論は 9 章および付録 A を参照）。

8.4　正　準　変　換

　自由度が n の力学系を表す一般化位置座標 q_i，およびそれに共役な一般化運動量 $p_i\ (= \partial\mathcal{K}/\partial q_i)\ (i = 1,\ 2,\ \cdots,\ n)$ が与えられたとき，これらと t の関数である $2n$ 個の変数

$$\begin{cases} Q_1 = Q_1(\boldsymbol{q},\ \boldsymbol{p},\ t),\quad Q_2 = Q_2(\boldsymbol{q},\ \boldsymbol{p},\ t),\quad \cdots,\quad Q_n = Q_n(\boldsymbol{q},\ \boldsymbol{p},\ t) \\ P_1 = P_1(\boldsymbol{q},\ \boldsymbol{p},\ t),\quad P_2 = P_2(\boldsymbol{q},\ \boldsymbol{p},\ t),\quad \cdots,\quad P_n = P_n(\boldsymbol{q},\ \boldsymbol{p},\ t) \end{cases} \tag{8.67}$$

によって変換されたハミルトニアン $\Phi\ (Q_1,\ Q_2,\ \cdots,\ Q_n,\ P_1,\ P_2,\ \cdots,\ P_n)$ が，元と同じ形の正準方程式

$$\frac{\mathrm{d}}{\mathrm{d}t}Q_i = \frac{\partial\Phi}{\partial P_i},\quad \frac{\mathrm{d}}{\mathrm{d}t}P_i = -\frac{\partial\Phi}{\partial Q_i}\quad (i = 1,\ 2,\ \cdots,\ n) \tag{8.68}$$

を満たすとき，この $[\boldsymbol{q},\ \boldsymbol{p}]$ から $[\boldsymbol{Q},\ \boldsymbol{P}]$ への変数変換を，**正準変換**（canonical transformation）という。ここで $\boldsymbol{Q} = [Q_1,\ Q_2,\ \cdots,\ Q_n]^{\mathrm{T}}$，$\boldsymbol{P} = [P_1,\ P_2,\ \cdots,\ P_n]^{\mathrm{T}})\ (i = 1,\ 2,\ \cdots,\ n)$ とする。

　正準方程式の形が保たれるような変換を考えるには，変分原理に立ち帰る必要がある。ラグランジアンは，式 (8.9) から $\mathcal{L} = \boldsymbol{p}^{\mathrm{T}}\dot{\boldsymbol{q}} - \mathcal{H}(\boldsymbol{q},\ \boldsymbol{p},\ t)$ と表されたから，変分原理は

$$\delta\int_{t_1}^{t_2}\left\{\boldsymbol{p}^{\mathrm{T}}\dot{\boldsymbol{q}} - \mathcal{H}(\boldsymbol{q},\ \boldsymbol{p},\ t)\right\}\mathrm{d}t = 0 \tag{8.69}$$

132   8. ハミルトンの正準方程式

と表されなければならない。そして，この極値問題から正準方程式が得られることは，8.1 節の議論から容易に確かめられる。そこで式 (8.67) の変換を行って得られる $\boldsymbol{Q}$, $\boldsymbol{P}$ についても

$$\delta \int_{t_1}^{t_2} \left\{ \boldsymbol{P}^{\mathrm{T}} \dot{\boldsymbol{Q}} - \varPhi(\boldsymbol{Q}, \boldsymbol{P}, t) \right\} \mathrm{d}t = 0 \tag{8.70}$$

が成立すれば，6.6 節で述べた議論とまったく同様にして，式 (8.68) が成立することがいえる。ただし，この議論では独立な変分を用いるため，関係式

$$\begin{bmatrix} \delta \boldsymbol{Q} \\ \delta \boldsymbol{P} \end{bmatrix} = \begin{bmatrix} \dfrac{\partial \boldsymbol{Q}^{\mathrm{T}}}{\partial \boldsymbol{q}} & \dfrac{\partial \boldsymbol{Q}^{\mathrm{T}}}{\partial \boldsymbol{p}} \\ \dfrac{\partial \boldsymbol{P}^{\mathrm{T}}}{\partial \boldsymbol{q}} & \dfrac{\partial \boldsymbol{P}^{\mathrm{T}}}{\partial \boldsymbol{p}} \end{bmatrix} \begin{bmatrix} \delta \boldsymbol{q} \\ \delta \boldsymbol{p} \end{bmatrix} \tag{8.71}$$

の右辺に掛かる $\mathbb{R}^{2n \times 2n}$ の係数行列（ヤコビアン行列）の行列式は，ゼロでないと仮定している。ここで式 (8.70) が成立するためには，式 (8.69) を参照して，関係式

$$\boldsymbol{p}^{\mathrm{T}} \dot{\boldsymbol{q}} - \mathcal{H}(\boldsymbol{q}, \boldsymbol{p}, t) = \boldsymbol{P}^{\mathrm{T}} \dot{\boldsymbol{Q}} - \varPhi(\boldsymbol{Q}, \boldsymbol{P}, t) \tag{8.72}$$

が成立すればよいように思える。しかし，より一般化して，適当な関数 $W(\boldsymbol{q}, \boldsymbol{p}, t)$ を選んで

$$\boldsymbol{p}^{\mathrm{T}} \dot{\boldsymbol{q}} - \mathcal{H}(\boldsymbol{q}, \boldsymbol{p}, t) = \boldsymbol{P}^{\mathrm{T}} \dot{\boldsymbol{Q}} - \varPhi(\boldsymbol{Q}, \boldsymbol{P}, t) + \frac{\mathrm{d}W}{\mathrm{d}t} \tag{8.73}$$

を考えてもよいことがわかる。実際，W を $W(t) = W(\boldsymbol{Q}(t), \boldsymbol{P}(t), t)$ と置いて，時間 t の関数として見ると

$$\int_{t_1}^{t_2} \frac{\mathrm{d}}{\mathrm{d}t} W \mathrm{d}t = W(\boldsymbol{Q}(t_2), \boldsymbol{P}(t_2), t_2) - W(\boldsymbol{Q}(t_1), \boldsymbol{P}(t_1), t_1)$$

$$= W(t_2) - W(t_1) \tag{8.74}$$

であるので，任意の変分をとるとき，境界条件を

$$\delta W(t_2) = \delta W(t_1) = 0 \tag{8.75}$$

とすれば，$\mathrm{d}W/\mathrm{d}t$ の項は変分には無関係となり

$$\delta \int_{t_1}^{t_2} \left\{ \boldsymbol{p}^{\mathrm{T}} \dot{\boldsymbol{q}} - \mathcal{H}(\boldsymbol{q}, \ \boldsymbol{p}, \ t) \right\} \mathrm{d}t = \delta \int_{t_1}^{t_2} \left\{ \boldsymbol{P}^{\mathrm{T}} \dot{\boldsymbol{Q}} - \varPhi(\boldsymbol{Q}, \ \boldsymbol{P}, \ t) \right\} \mathrm{d}t \tag{8.76}$$

となる。これに注意しながら式 (8.73) を書き改めると

$$\frac{\mathrm{d}}{\mathrm{d}t} W = \boldsymbol{p}^{\mathrm{T}} \dot{\boldsymbol{q}} - \boldsymbol{P}^{\mathrm{T}} \dot{\boldsymbol{Q}} + (\varPhi - \mathcal{H}) \tag{8.77}$$

となるが，これを全微分の形で表せば

$$\mathrm{d}W = \boldsymbol{p}^{\mathrm{T}} \mathrm{d}\boldsymbol{q} - \boldsymbol{P}^{\mathrm{T}} \mathrm{d}\boldsymbol{Q} + (\varPhi - \mathcal{H}) \, \mathrm{d}t \tag{8.78}$$

となる。他方，W は $\boldsymbol{q}, \ \boldsymbol{p}, \ \boldsymbol{Q}, \ \boldsymbol{P}, \ t$ の $4n+1$ 個の変数を含むとしても，$2n$ 個の関係式 (8.67) があるので，W は結局 $2n+1$ 個の変数を使って表されるはずである。そこで $[\boldsymbol{p}, \ \boldsymbol{P}]$ を $[\boldsymbol{q}, \ \boldsymbol{Q}, \ t]$ を用いて表せば，W は結局 $\boldsymbol{q}, \ \boldsymbol{Q}, \ t$ の関数 $W(\boldsymbol{q}, \ \boldsymbol{Q}, \ t)$ で表されるので

$$\frac{\mathrm{d}}{\mathrm{d}t} W = \frac{\partial W}{\partial \boldsymbol{q}}^{\mathrm{T}} \dot{\boldsymbol{q}} + \frac{\partial W}{\partial \boldsymbol{Q}}^{\mathrm{T}} \dot{\boldsymbol{Q}} + \frac{\partial W}{\partial t} \tag{8.79}$$

が成立する。これを式 (8.78) に代入すると

$$\left(\boldsymbol{p}^{\mathrm{T}} - \frac{\partial W}{\partial \boldsymbol{q}}^{\mathrm{T}} \right) \dot{\boldsymbol{q}} - \left(\boldsymbol{P}^{\mathrm{T}} + \frac{\partial W}{\partial \boldsymbol{Q}}^{\mathrm{T}} \right) \dot{\boldsymbol{Q}} = \mathcal{H} - \varPhi + \frac{\partial W}{\partial t} \tag{8.80}$$

が得られる。こうして，式 (8.73) が恒等的に成立するための条件は

$$\boldsymbol{p} = \frac{\partial W}{\partial \boldsymbol{q}}, \quad \boldsymbol{P} = -\frac{\partial W}{\partial \boldsymbol{Q}}, \quad \varPhi = \mathcal{H} + \frac{\partial W}{\partial t} \tag{8.81}$$

となる。特に，変換式 (8.67) が t を直接含まないときには，関数 W を $W(\boldsymbol{Q}, \ \boldsymbol{P})$ のようにとれば，変換式 (8.67) によって W は $W(\boldsymbol{q}, \ \boldsymbol{Q})$ のように t を陽に含まない形となるので，$\partial W / \partial t = 0$ となり，結果として

$$\varPhi = \mathcal{H} \tag{8.82}$$

となって，ハミルトニアンの値は不変になる。なお，このような関数 W を正準変換の**母関数** (generating function) という。

例として，図 7.3 に示した 2 自由度平面ロボットの正準運動方程式について，

134   8. ハミルトンの正準方程式

一般化位置座標を関節座標 $\boldsymbol{q} = [q_1, q_2]^{\mathrm{T}}$ から，手先位置を表すデカルト座標 $\boldsymbol{x} = [x, y]^{\mathrm{T}}$ に変換した正準変換を求めてみよう。図 8.1 に示すように，手先位置 $\boldsymbol{x} = [x, y]^{\mathrm{T}}$ を実現するロボットの姿勢は二通りあるが，ここではそのうちの一つを想定し，運動の途中で $q_2 = 0$ にはならないとする。言い換えると，二つの剛体リンクが一直線になる状態はとらないと仮定しておく。$\boldsymbol{q}$ から $\boldsymbol{x}$ への座標変換は

$$\begin{cases} Q_1 = x(\boldsymbol{q}) = l_1 \cos q_1 + l_2 \cos(q_1 + q_2) \\ Q_2 = y(\boldsymbol{q}) = l_1 \sin q_1 + l_2 \sin(q_1 + q_2) \end{cases} \tag{8.83}$$

と表せる。そこで速度変数をベクトル形式で書き表すと

$$\begin{bmatrix} \dot{x} \\ \dot{y} \end{bmatrix} = \begin{bmatrix} -l_1 \sin q_1 - l_2 \sin(q_1 + q_2) & -l_2 \sin(q_1 + q_2) \\ l_1 \cos q_1 + l_2 \cos(q_1 + q_2) & l_2 \cos(q_1 + q_2) \end{bmatrix} \begin{bmatrix} \dot{q}_1 \\ \dot{q}_2 \end{bmatrix} \tag{8.84}$$

となる。式 (8.84) 右辺の $\mathbb{R}^{2 \times 2}$ の係数行列は $\boldsymbol{x}$ の $\boldsymbol{q}$ に関する**ヤコビアン行列**（Jacobian matrix）と呼び，以下のように表す。

$$J(\boldsymbol{q}) = \frac{\partial \boldsymbol{x}^{\mathrm{T}}}{\partial \boldsymbol{q}} = \begin{bmatrix} \dfrac{\partial x}{\partial q_1} & \dfrac{\partial x}{\partial q_2} \\ \dfrac{\partial y}{\partial q_1} & \dfrac{\partial y}{\partial q_2} \end{bmatrix} \tag{8.85}$$

つぎに，$\dot{\boldsymbol{x}}$ に対応する運動量ベクトルを求めたいが，そのためにはラグランジアン $\mathcal{L} = (1/2)\dot{\boldsymbol{q}}^{\mathrm{T}} H(\boldsymbol{q}) \dot{\boldsymbol{q}}$ が式 (8.84) の変換 $\dot{\boldsymbol{x}} = J\dot{\boldsymbol{q}}$ によってつぎのように書き換えられることに注意しよう。

$$\mathcal{L}' = \frac{1}{2} \dot{\boldsymbol{x}}^{\mathrm{T}} \left(J^{-1} \right)^{\mathrm{T}} H J^{-1} \dot{\boldsymbol{x}} \tag{8.86}$$

ここで $q_2 \neq 0$ と仮定しているので，$J(\boldsymbol{q})$ は正則であり，逆行列 $J^{-1}(\boldsymbol{q})$ が存在する。また，ラグランジアン $\mathcal{L}'$ を構成する式 (8.86) 右辺の H や J^{-1} の要素は $\boldsymbol{q}$ の関数であるが，$J(\boldsymbol{q})$ の正則性から式 (8.83) の変換の逆変換 $\boldsymbol{q} = \boldsymbol{x}^{-1}(Q_1, Q_2)$ が存在し，H，J^{-1} の中の $\boldsymbol{q}$ を $\boldsymbol{x}^{-1}(Q_1, Q_2)$ で書き換えて，$\left(J^{-1} \right)^{\mathrm{T}} H J^{-1}$

は Q_1, Q_2 のみに依存すると見なせる。また，$\dot{\boldsymbol{x}} = \dot{\boldsymbol{Q}} \left(= [Q_1, \ Q_2]^{\mathrm{T}} \right)$ と定義したので，$\mathcal{L}'$ は $\dot{\boldsymbol{Q}}$ の二次形式で表され，係数が $\boldsymbol{Q}$ の関数となるので，$\mathcal{L}'$ は $\mathcal{L}'(\boldsymbol{Q}, \ \dot{\boldsymbol{Q}})$ と書くことができる。こうして一般化運動量ベクトル

$$\boldsymbol{P} = \frac{\partial \mathcal{L}'}{\partial \dot{\boldsymbol{x}}} = \begin{bmatrix} \dfrac{\partial \mathcal{L}'}{\partial x} & \dfrac{\partial \mathcal{L}'}{\partial y} \end{bmatrix}^{\mathrm{T}} \tag{8.87}$$

を，式 (8.86) に基づいて具体的に示すと

$$\boldsymbol{P} = \left(J^{-1} \right)^{\mathrm{T}} H J^{-1} \dot{\boldsymbol{x}} = \left(J^{-1} \right)^{\mathrm{T}} H J^{-1} \dot{\boldsymbol{Q}} \tag{8.88}$$

となる。式 (8.88) はまた

$$\boldsymbol{P} = \left(J^{-1} \right)^{\mathrm{T}} H \dot{\boldsymbol{q}} = \left(J^{-1} \right)^{\mathrm{T}} \boldsymbol{p} \tag{8.89}$$

と表すことができる。式 (8.89) と式 (8.83) が $[\boldsymbol{q}, \ \boldsymbol{p}]$ から $[\boldsymbol{Q}, \ \boldsymbol{P}]$ への正準変換になりうることは，新しいハミルトニアンを

$$\Phi = \boldsymbol{P}^{\mathrm{T}} \dot{\boldsymbol{Q}} - \mathcal{L}'(\boldsymbol{Q}, \ \dot{\boldsymbol{Q}}) \tag{8.90}$$

と置けば，以下のような正準方程式が得られることから明らかである。

$$\dot{\boldsymbol{Q}} = \frac{\partial \Phi}{\partial \boldsymbol{P}}, \quad \dot{\boldsymbol{P}} = -\frac{\partial \Phi}{\partial \boldsymbol{Q}} \tag{8.91}$$

上述の例では，変換 $[\boldsymbol{q}, \ \boldsymbol{p}] \to [\boldsymbol{Q}, \ \boldsymbol{P}]$ について，$\boldsymbol{Q}$ は $\boldsymbol{p}$ に関係なく $\boldsymbol{q}$ のみによって定められ，$\boldsymbol{P}$ は結局 $\boldsymbol{q}$, $\boldsymbol{p}$ によって定められた。このような正準変換は，**点変換**（point transformation）と呼ばれ，正準変換の中では最も単純な形式であるが，工学の中では重要な役割を演じることがある。点変換に限れば，それがポアッソン括弧式の値を不変にすることは，容易に確かめられる。もっと一般に，座標系 $[\boldsymbol{q}, \ \boldsymbol{p}]$ に関する正準方程式に従う任意の二つの力学量 u, v があったとして，これらが正準変換 $[\boldsymbol{Q}, \ \boldsymbol{P}]$ によって u', v' になったとすれば，それぞれのポアッソン括弧式の値は同じになる。つまり

$$\{u, \ v\}_{[\boldsymbol{q}, \ \boldsymbol{p}]} = \{u', \ v'\}_{[\boldsymbol{Q}, \ \boldsymbol{P}]} \tag{8.92}$$

となることが知られている。すなわち，ポアッソン括弧式は正準変換に関して

136   8. ハミルトンの正準方程式

不変量（invariant）になる。また，逆にポアッソン括弧式を不変に保つ変換は，正準変換でなければならないことも示されている。

　ここでは詳細を述べることはしないが，正準変換は位相空間の超立方体領域の体積を不変に保つこともよく知られており，これを**リュービルの定理**（Liouville's theorem）という。

8.5　ハミルトン–ヤコビの偏微分方程式

　前節で考察した正準変換について，母関数 W は q, p, Q, P, t の $4n+1$ 個の変数を含むとして議論したが，変換式 (8.67) があるので，結局は q, Q, t の $2n+1$ 個の関数 $W(q, Q, t)$ として取り扱い，条件式 (8.81) を導いた。同様に，式 (8.67) に基づいて，q, P でほかの量 p, Q を表す方式も考えうる。そこで母関数を $W(q, P, t)$ で表すことにしよう。このとき

$$P^{\mathrm{T}}\dot{Q} = \frac{\mathrm{d}}{\mathrm{d}t}\left(P^{\mathrm{T}}Q\right) - Q^{\mathrm{T}}\dot{P} \tag{8.93}$$

が成立するので，式 (8.73) を

$$p^{\mathrm{T}}\dot{q} - \mathcal{H}(q, p, t) = -Q^{\mathrm{T}}\dot{P} - \Phi(Q, P, t) + \frac{\mathrm{d}}{\mathrm{d}t}\left(W + P^{\mathrm{T}}Q\right) \tag{8.94}$$

と書き換え，新たに

$$W' = W + P^{\mathrm{T}}Q \tag{8.95}$$

を q, P, t の関数として取り扱うことにすると

$$\frac{\mathrm{d}}{\mathrm{d}t}W' = \frac{\partial W'}{\partial q}^{\mathrm{T}}\dot{q} + \frac{\partial W'}{\partial P}^{\mathrm{T}}\dot{P} + \frac{\partial W'}{\partial t} \tag{8.96}$$

を得る。これを式 (8.94) に代入すると

$$\left(p - \frac{\partial W'}{\partial q}\right)^{\mathrm{T}}\dot{q} + \left(Q - \frac{\partial W'}{\partial P}\right)^{\mathrm{T}}\dot{P} = \mathcal{H} - \Phi + \frac{\partial W'}{\partial t} \tag{8.97}$$

を得る。これより，式 (8.73) が恒等的に成立するための条件は

$$\boldsymbol{p} = \frac{\partial W'}{\partial \boldsymbol{q}}, \quad \boldsymbol{Q} = \frac{\partial W'}{\partial \boldsymbol{P}}, \quad \varPhi = \mathcal{H} + \frac{\partial W'}{\partial t} \tag{8.98}$$

となる。以下では，この W' を改めて W で表すことにする。

ここで，ハミルトン関数 $\varPhi$ が恒等的にゼロとなるような母関数 $W'(\boldsymbol{q},\ \boldsymbol{P},\ t)$ を見つける問題を考えよう。そのためには，式 (8.98) の最後の式より

$$\frac{\partial W}{\partial t} = -\mathcal{H}(\boldsymbol{q},\ \boldsymbol{p},\ t) \tag{8.99}$$

が成立しなければならない。もし，これを満たす $W(\boldsymbol{q},\ \boldsymbol{P},\ t)$ が求まれば，正準変換は

$$\frac{\mathrm{d}}{\mathrm{d}t}\boldsymbol{P} = -\frac{\partial \varPhi}{\partial \boldsymbol{Q}} = \boldsymbol{0} \tag{8.100}$$

となるから，P_i は定数になる。その定数を α_i で表し

$$\boldsymbol{P} = \boldsymbol{\alpha} \quad (P_i = \alpha_i, \quad i = 1,\ 2,\ \cdots,\ n) \tag{8.101}$$

と置こう。そして，式 (8.98) 第一式を式 (8.99) 右辺に代入すると

$$\frac{\partial}{\partial t}W(\boldsymbol{q},\ \boldsymbol{\alpha},\ t) + \mathcal{H}\left(\boldsymbol{q},\ \frac{\partial W}{\partial \boldsymbol{q}},\ t\right) = 0 \tag{8.102}$$

を得る。これが母関数 W の満たすべき方程式であり，これを**ハミルトン–ヤコビの偏微分方程式**（Hamilton–Jacobi's partial differential equation，略して HJ–equation）という。

こうして求まった方程式 (8.102) の解 W のことを，**ハミルトンの主関数**（principal function）という。式 (8.102) は $n+1$ 個の変数 $q_1,\ q_2,\ \cdots,\ q_n,\ t$ に関する偏微分方程式であるから，$n+1$ 個の積分定数が出てくるはずである。それらは $\alpha_1,\ \alpha_2,\ \cdots,\ \alpha_n$ の n 個と W に付け加えることのできる任意定数である。前者の n 個の定数は，初期条件によって定められ，後者の W の付加定数は不定のままになる。なお，$\varPhi = 0$ であるから，α_i に正準共役な座標 β_i（Q_i に相当）も定数であるはずである。そこで

$$\beta_i = \frac{\partial W}{\partial \alpha_i} \quad (i = 1,\ 2,\ \cdots,\ n) \tag{8.103}$$

138 　8.　ハミルトンの正準方程式

とすれば，これと式 (8.81) 第一式が

$$p = \frac{\partial}{\partial q} W(q, \, \alpha, \, t) \tag{8.104}$$

と書けることから，原理的には q, p が α, β, t の関数として求まることになる。

　ハミルトン–ヤコビの偏微分方程式が実際に解ける例は，自由度が 2 以上の場合はまれである。実際に解ける例では，方程式が変数分離の形式で表され，W がつぎのような形式をとる場合がほとんどである。

$$W = \sum_{i=1}^{n} S_i(q_i) - Et \tag{8.105}$$

その中の最も簡単な例として，一定の重力のもとで自由運動する一つの質点の運動を，ハミルトン–ヤコビの偏微分方程式で解いてみよう。

　水平面を $[x, \, y]$ 座標で表し，鉛直方向を z 軸で表すと，ハミルトニアンは

$$\mathcal{H} = \frac{1}{2m} \left(p_x^2 + p_y^2 + p_z^2 \right) + mgz \tag{8.106}$$

となる（2.1 節参照）。したがって，$q_1 = x$, $q_2 = y$, $q_3 = z$ とし，$W = X(x) + Y(y) + Z(z) - Et$ とすると，式 (8.102) は

$$\frac{1}{2m} \left\{ \left(\frac{\partial X}{\partial x} \right)^2 + \left(\frac{\partial Y}{\partial y} \right)^2 + \left(\frac{\partial Z}{\partial z} \right)^2 \right\} + mgz = E \tag{8.107}$$

と表される。式 (8.107) の括弧 { } の中の第一項と第二項は $[x, \, y]$ のみに関係するので，それぞれが定数でなければならない。そこで $\alpha_1 = E$ として

$$\frac{\mathrm{d}X}{\mathrm{d}x} = \alpha_2, \quad \frac{\mathrm{d}Y}{\mathrm{d}y} = \alpha_3 \tag{8.108}$$

と置けば

$$\frac{\mathrm{d}Z}{\mathrm{d}z} = \pm \sqrt{2mE - \alpha_2^2 - \alpha_3^2 - 2m^2 gz} \tag{8.109}$$

となる。これを z で積分すると

$$Z = \mp \frac{1}{3m^2 g} \left(2mE - \alpha_2^2 - \alpha_3^2 - 2m^2 gz \right)^{3/2} + \text{const.} \tag{8.110}$$

となる。そこで $E = \alpha_1$ であることを考慮すると，この場合，式 (8.103) は以下のようになる。

$$t + \beta_1 = \mp \frac{1}{mg} \left(2mE - \alpha_2^2 - \alpha_3^2 - 2m^2 gz \right)^{1/2} \tag{8.111}$$

$$\beta_2 = x \pm \frac{\alpha_2}{m^2 g} \left(2mE - \alpha_2^2 - \alpha_3^2 - 2m^2 gz \right)^{1/2} \tag{8.112}$$

$$\beta_3 = y \pm \frac{\alpha_3}{m^2 g} \left(2mE - \alpha_2^2 - \alpha_3^2 - 2m^2 gz \right)^{1/2} \tag{8.113}$$

これらの形をよく見れば，質点の位置が

$$x = v_1 t + x_0, \quad y = v_2 t + y_0, \quad z = -\frac{1}{2} gt^2 + v_3 t + z_0 \tag{8.114}$$

と定められることがわかる。x 方向初速度 $v_1 = 0$ とした場合の式 (8.114) が，2.1 節で導出した質点の運動の軌跡（式 (2.6)）と等しいことを確かめられたい。

章　末　問　題

【 1 】　ポアッソン括弧式について，式 (8.54) が成立することを示せ。

【 2 】　図 6.3 に示す二重振り子について，式 (6.102) の減衰力もあるとして，ハミルトンの正準方程式を書き表せ。

9

ロボット制御の基礎
―解析力学とリーマン幾何学から―

　本章では，複数個の剛体を回転関節を通して連ねたロボットアームの運動と
制御について，解析力学とリーマン幾何学に基づいた基礎理論をまとめる。n
個の回転関節で連鎖された剛体アームがとりうる姿勢の全体集合は，**配置空間**
（configuration space）と呼ばれ，$\mathbb{R}^n$ の部分空間と見なせる。しかし，ロボッ
トの運動が姿勢の変動であることを考えると，n 次元配置空間は n 次元**トー
ラス**（torus）と考えた方が自然である。特に，2 自由度の平面ロボットアーム
の配置空間は，ドーナツの表皮の形をとる二次元トーラスであると考えた方が
自然であることに気づく。そのとき，二つの姿勢の間にリーマン距離が自然に
導入でき，そのトーラスはリーマン多様体と見なせる。そして，リーマン多様
体上の二点間を結ぶ最短距離を与える曲線は，**オイラー–ラグランジュ方程式**
（Euler–Lagrange equation）に従い，**測地線**（geodesic）と呼ぶ。このことは，
その運動が重力や関節摩擦の影響を受けないとすれば，一般的に n 関節ロボッ
トについても成立する。しかし，ロボットアームの運動制御を考えるとき，それ
は重力や関節摩擦の影響を受ける。そのためアームの運動に伴って仕事量は変
化するが，適切な制御入力と呼ぶ外力を与えることで，目標の仕事（制御）が達
成できることを述べる。実際には，ポアッソン括弧式から制御入力が存在する
ときのエネルギー関係式を導くと，位置の偏差と速度のフィードバックに基づ
く **PD 制御**（proportional and differential control）が成立することを示す。

　後半では，**ベルンシュタイン問題**（Bernstein's problem）として知られる冗長
自由度を持つアームの**手先到達制御**（end-point reaching）を考察する。手先位
置と速度に関する PD 制御の中で，最適レギュレーションを与える制御入力が，

ハミルトン–ヤコビ–ベルマン方程式（Hamilton–Jacobi–Bellman equation）の**厳密解**（exact solution）として定まることを述べる。

9.1　一般化運動量とハミルトニアン

図 **9.1** に示すように，二つの関節を持つ 2 自由度平面ロボットアームの運動は，水平面内に限定されるので，その姿勢は各関節の回転角の対 $[q_1, q_2]$ を与えることで決定される。回転角 q_i の単位を〔rad〕（radian, ラディアン）とすると，ロボットのとりうる姿勢の全体の集合は，二次元の実数空間 $\mathbb{R}^2$ の点 $[q_1, q_2]$ のとりうる全体の集合に対応しうる。それは $\mathbb{R}^2$ の部分集合であるが，これをロボットの**姿勢空間**あるいは**配置空間**（configuration space）と呼ぶ。そのとき，回転角 q_i の値の取り方には注意が必要である。q_i を 2π の周期で動かせば，対応するロボットの姿勢は元に戻ることになる。アームのとる姿勢と配置空間の点を一対一で対応させるには，配置空間の範囲を限定する必要がある（図 **9.2**）。そうすれば，アームの物理的姿勢と配置空間の点が一対一に対応可能であるが，姿勢の近傍の取り方には注意が必要である。ある関節 q_i をなめらかに動かして q_i の値が数値 π を超えるとき，対応する配置空間の点 $[q_1, q_2]$ の軌跡は，q_i の値を 2π だけ差し引いた地点に戻って再出発させる必要があり，不連続になる。そこでロボットが運動するとき，その姿勢の配置空間における

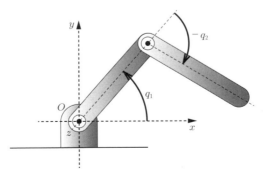

図 **9.1**　二つの回転関節を持つ自由度 2 の平面ロボットアーム

142   9. ロボット制御の基礎—解析力学とリーマン幾何学から—

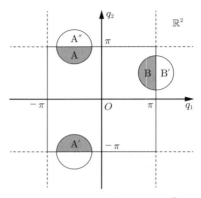

図 9.2 平面ロボットアームの配置空間 $\mathbb{R}^2$: q_2 が $\pm\pi$ の近くにあるとき，近傍 $\mathcal{N}$ は $\mathcal{N} = A \cup A'$ よりも $\mathcal{N} = A \cup A''$ ととる。q_1 が $\pm\pi$ に近いときも同様に $\mathcal{N} = B \cup B'$ ととる。

点軌跡が，$q_i = \pm\pi$ の境界越えを許し，また，境界付近の点の近傍 $\mathcal{N}$ も境界を越えてとることを許すとしよう。つまり，配置空間を $\mathbb{R}^2$ そのものと考えてよいとする。

一方，平面ロボットアームの姿勢を表す空間には，関節角を表す q_i [rad] をリング（輪）S^1 の位置に対応させ，二つのリング S^1 と S^1 から構成されるトーラスが考えられることに言及しておこう。二次元トーラスを S^1 と S^1 の直積 $T^2 = S^1 \times S^1$ で表し，T^2 上の位置を関節角 q_i を用いて座標 $[q_1, q_2]$ で表すことができる（**図 9.3**）。そのとき，ロボットの姿勢が連続的に変化した運動は，トーラス T^2 上の点がたどる軌跡としての曲線に一対一に対応させることができる。この意味で，トーラス T^2 は平面ロボットアームの**姿勢空間**（position space）と呼ぶことにする。また，T^2 の座標を $[q_1, q_2]$ で表すことにより，トーラスは**位相多様体**（topological manifold）となるが，微分幾何学によるとそれはまた，C^∞ クラス（無限回微分可能なクラス）の**微分多様体**（differentiable manifold）として取り扱えることが知られている。なお，微分幾何学では，トーラス T^2 に座標 $[q_1, q_2]$ を与えることは，数学的にはトーラス T^2 から実数空間 $\mathbb{R}^2$ への**準同型写像**（homeomorphism）が定められたと考える。ここでは，

9.1 一般化運動量とハミルトニアン 143

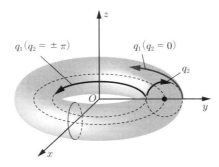

図 9.3 二つの円輪 (circle あるいは ring と呼ぶ) S^1, S^1 の直積 $T^2 = S^1 \times S^1$ はトーラスと呼ばれる。トーラス T^2 は平面ロボットアームの姿勢空間と見なせる。

トーラスのような微分多様体を抽象的に記号 $\mathcal{M}$ で表し，$\mathcal{M}$ の任意の代表点を記号 p，$\mathcal{M}$ から $\mathbb{R}^2$（一般に $\mathbb{R}^n$）への準同型写像を記号 ϕ で表すことにする。また，$\mathcal{M}$ の任意の点 p の開近傍 Ω の $\mathbb{R}^2$ への写像 $\phi(\Omega)$ が，$\mathbb{R}^2$ の開近傍になるとする。そして，n 個の回転関節から構成される n 自由度ロボットについても，n 次元のトーラス $T^n = S^1 \times S^1 \times \cdots \times S^1$（$n$ 個のリング S^1 の直積）を考えると，それも同様に n 次元姿勢空間と考えることができ，座標 $[q_1, \cdots, q_n]$ を与えて，無限回微分可能な C^∞ クラスの微分多様体として取り扱うことができる。

微分多様体 $(\mathcal{M}, p)$ について，点 p を通る $\mathcal{M}$ 上の曲線 $c(t)$ はロボットの姿勢がつぎつぎと連続して変動（運動）することを表すが，まずは点 p を通過するときの接ベクトルを定義しておく。記号 $\mathcal{I}$ を微小な数区間 $(-\varepsilon, \varepsilon)$ とし，曲線 $c(t)$ は $c(0) = p$ を通る写像 $c : \mathcal{I} \to \mathcal{M}$ と考えてみよう。そして，曲線 $c : \mathcal{I} \to \mathcal{M}$ や $\bar{c} : \mathcal{I} \to \mathcal{M}$ などを考え，それらの座標系（数空間 $\mathbb{R}^n$ への準同型写像）である $\phi(c)$ や $\phi(\bar{c})$ の $t \in \mathcal{I}$ による微分 $[\phi(c)]'$ や $[\phi(\bar{c})]'$ をとると，これら二つが一致する，すなわち

$$[\phi(c)]'(0) = [\phi(\bar{c})]'(0) \tag{9.1}$$

であれば，c や $\bar{c}$ は p において同じ接ベクトルを持つと考える。言い換えれば，

$\mathcal{M}$ 上の曲線 c や $\bar{c}$ は，$\mathcal{M}$ の点 p で共通接線を持つ。このことを記法 $c \sim \bar{c}$ と表し，c と $\bar{c}$ は等価クラスにあるという。そして，ありうる等価クラス（接ベクトル）の全部を集めた集合を，記号 $T_p\mathcal{M}$ で表し，これを $p \in \mathcal{M}$ における**接空間**（tangent space）と呼ぶ。この等価クラスの概念に基づくと，接ベクトルは多様体に導入する座標の取り方に依存しないことが示される（リーマン幾何学の教科書[13][†]参照）。なお，$T_p\mathcal{M}$ は n 次元数空間 $\mathbb{R}^n$ と同じような構造を持つ。また，$\mathcal{M}$ の異なる点 p と $\bar{p}$ では $T_p\mathcal{M}$ と $T_{\bar{p}}\mathcal{M}$ は異なるとして，$\mathcal{M}$ のすべての点でとった $T_p\mathcal{M}$ の集合を記号 $T\mathcal{M}$ で表し，これを $\mathcal{M}$ の**接束**（tangent bundle）と呼ぶ。

それぞれが $T_p\mathcal{M}$ にある接ベクトル $\boldsymbol{u}$，$\boldsymbol{v}$ を $\boldsymbol{u} = [u_1, u_2, \cdots, u_n]^{\mathrm{T}}$，$\boldsymbol{v} = [v_1, v_2, \cdots, v_n]^{\mathrm{T}}$ で表し，二次形式を表す写像 $g_p : T_p\mathcal{M} \times T_p\mathcal{M} \to \mathbb{R}$ を考えよう。具体的には，p に依存してよい正定対称行列 $G(p) = (g_{ij}(p))$ に基づいて

$$g_p(\boldsymbol{u}, \boldsymbol{v}) = \sum_{i,\, j=1}^{n} g_{ij}(p) u_i v_j \tag{9.2}$$

とする。これを微分多様体 $\mathcal{M}$ 上の**リーマン測度**（Riemannian metric）という。このような測度を入れた微分多様体を**リーマン多様体**（Riemannian manifold）といい，記号 $\{\mathcal{M}, g\}$ で表すことにする。

さて，そのリーマン多様体 $\{\mathcal{M}, g\}$ を考えよう。数区間 $\mathcal{I}[a, b]$ から $\mathcal{M}$ への写像 $c : \mathcal{I}[a, b] \to \mathcal{M}$ は C^∞ クラスの**曲線の部分**（curve segment）とし，その長さを

$$L(c) = \int_a^b \|\dot{c}(t)\| \mathrm{d}t = \int_a^b \sqrt{g_{c(t)}(\dot{c}(t), \dot{c}(t))} \mathrm{d}t \tag{9.3}$$

と定義しよう。ここにすべての $t \in \mathcal{I}$ に対して $\dot{c}(t) \neq 0$ とし，このような曲線を**正則曲線部分**（regular curve segment）と呼ぶ。そこで，考えている曲線 $c : \mathcal{I}[a, b] \in \mathcal{M}$ が区分的正則であるとしよう。すなわち，区間 $[a, b]$ に

[†] 肩付き番号は巻末の引用・参考文献を示す。

9.1 一般化運動量とハミルトニアン 145

ある有限個の点 $a = a_0 < a_1 < \cdots < a_k = b$ があって，$c(t)$ は，その部分区間 $[a_{i-1}, a_i]$ で正則になるとき，**区分的な正則曲線部分**（piecewise regular curve segment）であるという。あるいは，単に**許容曲線**（admissible curve）と呼ぶ。二つの点 $p, p' \in \mathcal{M}$ について，p と p' を結ぶすべての許容曲線 c の長さ $L(c)$ を考え，その極小値を p と p' の間の距離として記号 $d(p, p')$ で表し，これを**リーマン距離**（Riemannian distance）と呼ぶ。もし，リーマン多様体 $\{\mathcal{M}, g\}$ の許容曲線 $c : \mathcal{I}[a, b] \to \mathcal{M}$ が，同じ端点を持つほかのどんな許容曲線 $\bar{c}$ に対しても $L(c) \leqq L(\bar{c})$ となるとき，c の長さは区間 $[a, b]$ で最小であるという。リーマン多様体が完備であるとき，どんな一対 p, p' をとっても，区間 $[a, b]$ において p と p' を結ぶ曲線の距離を最小にする許容曲線が存在しうることが知られている。そのような最小距離を与える曲線のことを**最短曲線**（minimizing curve）と呼ぶ。最短曲線 $c(t)$ は，その座標を準同型写像 ϕ によって $\phi(c(t)) = (q_1(t), \cdots, q_n(t))$ と与えると，二次の微分方程式

$$\frac{\mathrm{d}^2}{\mathrm{d}t^2} q_k(t) + \sum_{i, j=1}^{n} \Gamma_{ij}^k(c(t)) \frac{\mathrm{d}q_i(t)}{\mathrm{d}t} \frac{\mathrm{d}q_j(t)}{\mathrm{d}t} = 0 \quad (k = 1, \cdots, n) \quad (9.4)$$

を満たす必要がある。ここで Γ_{ij}^k は**クリストッフェルの記号**（Christoffel's symbol）と呼ばれ，以下のように定義される。

$$\Gamma_{ij}^k = \frac{1}{2} \sum_{h=1}^{n} g^{kh} \left(\frac{\partial g_{ih}}{\partial q_j} + \frac{\partial g_{jh}}{\partial q_i} - \frac{\partial g_{ij}}{\partial q_h} \right) \quad (9.5)$$

上式において，(g^{kh}) は行列 $G = (g_{hk})$ の逆行列を表す。区間 $[a, b]$ で式 (9.4) を満たす曲線 $q(t)$ や，対応する $\mathcal{M}$ 上の曲線 $\phi^{-1}(q(t))$ を**測地線**（geodesic）といい，式 (9.4) を**オイラー–ラグランジュ方程式**（Euler–Lagrange equation）あるいは**測地線方程式**（geodesic equation）という。

他方，C^∞ クラスの曲線 $c(t) : \mathcal{I}[a, b] \to \mathcal{M}$ が与えられたとき，c が与える数量

$$\mathcal{E}(c) = \frac{1}{2} \int_a^b \|\dot{c}(t)\|_g^2 \mathrm{d}t = \frac{1}{2} \int_a^b g_{c(t)}\left(\dot{c}(t), \dot{c}(t)\right) \mathrm{d}t \quad (9.6)$$

146   9. ロボット制御の基礎——解析力学とリーマン幾何学から——

を曲線 c のエネルギーと呼ぶ。式 (9.3) 右辺にコーシー–シュワルツの不等式（Cauchy–Schwartz inequality）を適用すると

$$L^2(c) \leqq 2(b-a)\mathcal{E}(c) \tag{9.7}$$

となることがわかる。式 (9.7) で等号が成立するのは，数量 $\|\dot{c}(t)\|_g$ が一定である場合に限ることも示されている。したがって，$c(t)$ が $p = c(a)$ と $p' = c(b)$ を結ぶ測地線であるならば，同じ端点を結ぶ $\mathcal{M}$ のどんな許容曲線 $\tilde{c}$ に対しても

$$\mathcal{E}(c) = \frac{L^2(c)}{2(b-a)} \leqq \frac{L^2(\tilde{c})}{2(b-a)} \leqq \mathcal{E}(\tilde{c}) \tag{9.8}$$

が成立することがわかる。等式が成立するのは，$\tilde{c}(t)$ も測地線になるときに限る。逆に，$\mathcal{M}$ 上の p と p' を結ぶ C^∞ クラスの許容曲線 $c(t)$ が，エネルギー $\mathcal{E}(c)$ を最小にし，かつ $g_{c(t)}(\dot{c}(t), \dot{c}(t))$ を一定にするならば，それは測地線でなければならない。なお，力学では $\mathcal{E}(c)$ を曲線 c の**アクション**（action）と呼ぶことがある。また，剛体系では許容曲線 $c(t)$ のことを**運動の軌跡**（orbit of motion）ということがある。

9.2   多関節ロボットの運動制御

ここでは，図 **9.4** に示すような複数個の剛体を回転関節を通じて縦接続した，多関節ロボットの制御問題を取り上げる（8.3 節参照）。6 章で述べたように，ロボットの姿勢を表す関節角ベクトルを $q = [q_1, \cdots, q_n]^{\mathrm{T}}$ で表すと，多関節ロボットの運動方程式はつぎのように書き下せる。

$$H(q)\ddot{q} + \frac{1}{2}\dot{H}(q)\dot{q} + S(q, \dot{q})\dot{q} + g(q) = u \tag{9.9}$$

ここに $g(q)$ は $\partial \mathcal{U}/\partial q$ を表し，$\mathcal{U}(q)$ は重力に基づくポテンシャルである。慣性行列 $H(q)$ やポテンシャル $\mathcal{U}(q)$ の求め方は，7 章で確認されたい。本節では，下付き添字のない小文字 q，g，c，x，u や $\dot{q}$，$\dot{c}$，$\dot{x}$，$\ddot{q}$ はベクトルを表し，大

9.2 多関節ロボットの運動制御

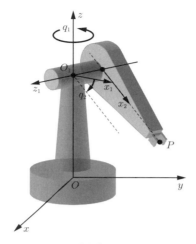

図 **9.4** 垂直多関節ロボット

文字の並体 H, $\dot{H}$, S, C などは行列を表すとする.式 (9.9) 右辺の u は,関節を駆動する減速機で生じる散逸トルクや,外力として与え,制御入力と見なす外トルクをまとめて表す.

はじめに,水平面上で動作する平面ロボットアームや,重力が無視できる宇宙ロボットアームを考えよう.その上に,関節摩擦も無視できるほど小さく,外トルクも働かせていないと仮定すると,式 (9.9) から g と u の項を消して,ロボットの運動方程式はつぎのようになる.

$$H(q)\ddot{q} + \frac{1}{2}\dot{H}(q)\dot{q} + S(q,\ \dot{q})\dot{q} = 0 \tag{9.10}$$

この方程式が前節で述べた測地線方程式 (9.4) と等価になることを示そう.そのために,**第一種のクリストッフェル記号**(Christoffel's symbol of the first kind)Γ_{ikj} を以下のように導入しよう.

$$\Gamma_{ikj} = \frac{1}{2}\left(\frac{\partial h_{jk}}{\partial q_i} + \frac{\partial h_{ik}}{\partial q_j} - \frac{\partial h_{ij}}{\partial q_k}\right) \tag{9.11}$$

このクリストッフェルの第一種記号と前節で述べた第二種記号 Γ_{ij}^k の間には,慣性行列 $H(q) = (h_{lk})$ の逆行列 $H^{-1}(q) = (h^{lk})$ を式 (9.11) に掛けることに

148   9. ロボット制御の基礎—解析力学とリーマン幾何学から—

よって，等式

$$\Gamma_{ij}^k = \frac{1}{2}\sum_{l=1}^{n} h^{lk}\left(\frac{\partial h_{jl}}{\partial q_i} + \frac{\partial h_{il}}{\partial q_j} - \frac{\partial h_{ij}}{\partial q_l}\right)$$

$$= \frac{1}{2}\sum_{l=1}^{n} h^{lk}\Gamma_{ilj} \tag{9.12}$$

が成立していることがわかる。行列 $H(q) = (h_{lk}(q))$ も $H^{-1}(q) = (h^{kl}(q))$ も対称行列なので，等式

$$\Gamma_{ikj} = \Gamma_{jki}, \qquad \Gamma_{ij}^k = \Gamma_{ji}^k \tag{9.13}$$

が成立している。一方，6 章で述べたように，式 (9.10) の行列 $S(q,\dot{q})$ は**歪対称**（skew-symmetric）であり，その各成分は

$$s_{ij} = \frac{1}{2}\left\{\frac{\partial}{\partial q_j}\left(\sum_{k=1}^{n}\dot{q}_k h_{ik}\right) - \frac{\partial}{\partial q_i}\left(\sum_{k=1}^{n}\dot{q}_k h_{jk}\right)\right\} \tag{9.14}$$

と表される。式 (9.14) 右辺第一項が式 (9.11) 右辺第二項に対応し，同じく第二項が式 (9.11) 右辺第三項に対応することで，以下のような等式が展開できることがわかる。

$$\sum_{j=1}^{n} s_{kj}\dot{q}_j = \sum_{j=1}^{n}\frac{1}{2}\left[\left\{\frac{\partial}{\partial q_j}\left(\sum_{i=1}^{n}\dot{q}_i h_{ki}\right)\right\}\dot{q}_i - \left\{\frac{\partial}{\partial q_k}\left(\sum_{i=1}^{n}\dot{q}_i h_{ij}\right)\right\}\dot{q}_j\right]$$

$$= \sum_{j=1}^{n}\sum_{i=1}^{n}\frac{1}{2}\left\{\left(\frac{\partial h_{ik}}{\partial q_j} - \frac{\partial h_{ij}}{\partial q_k}\right)\right\}\dot{q}_i\dot{q}_j \tag{9.15}$$

式 (9.15) を式 (9.11) 右辺第二項および第三項に対応させ，また，$(1/2)\dot{H}\dot{q}$ の第 k 成分が

$$\sum_{i,j=1}^{n}\frac{1}{2}\frac{\partial h_{jk}}{\partial q_i}\dot{q}_i\dot{q}_j \tag{9.16}$$

と表されることから，式 (9.10) はつぎのようにも表されることがわかる。

$$\sum_i h_{ki}\ddot{q}_i + \sum_{i,j}\Gamma_{ikj}(q)\dot{q}_i\dot{q}_j = 0 \tag{9.17}$$

9.2 多関節ロボットの運動制御 149

ここで $k = 1, \cdots, n$ とし，総和は i と j についてそれぞれ 1 から n までとることとする。式 (9.17) に左から $H(q)$ の逆行列 $H^{-1}(q) = (h^{lk})$ を掛けると，それは測地線の方程式に帰着することがわかる。また，外力がある場合の式 (9.9) では，オイラー‒ラグランジュの方程式の形式でつぎのように表される。

$$\ddot{q}_k + \sum_{i,j} \Gamma_{ij}^k \dot{q}_i \dot{q}_j = \sum_j h^{kj} u_j \quad (k = 1, \cdots, n) \tag{9.18}$$

また，7 章で述べたことから，あるいは，式 (9.17) や式 (9.18) からも容易に導けるように，区間 $\mathcal{I} = [a, b]$ で式 (9.18) を満たすロボットの運動の T^n 上の軌跡（orbit of motion）は $q(t)$ で代表されるので，以下の式

$$\int_a^b \sum_{j=1}^n \dot{q}_j(t) u_j(t) \mathrm{d}t = \mathcal{E}(q(b)) - \mathcal{E}(q(a)) \tag{9.19}$$

が成立する。ここで $\mathcal{E}$ は運動エネルギーを表し，具体的には

$$\mathcal{E}(q(t)) = \frac{1}{2} \dot{q}^{\mathrm{T}}(t) H(q(t)) \dot{q}(t) \tag{9.20}$$

である。特に外力がゼロのときは $u(t) = 0$ であるので，$\mathcal{E}(q(t)) = \mathrm{const.}$ となり，ロボットの運動の軌跡は $p = \phi^{-1}(q(a))$ と $\bar{p} = \phi^{-1}(q(b))$ を結ぶ最短曲線（測地線）となる。そのとき，ロボットの姿勢 p と $\bar{p}$ の間のリーマン距離は

$$\begin{aligned}
d(p, \bar{p}) &= d(q(a), q(b)) \\
&= \int_a^b \sqrt{\sum_{i,j} h_{ij}(q(t)) \dot{q}_i(t) \dot{q}_j(t)} \mathrm{d}t \\
&= \int_a^b \sqrt{\dot{q}^{\mathrm{T}}(t) H(q(t)) \dot{q}(t)} \mathrm{d}t
\end{aligned} \tag{9.21}$$

で与えられる。

つぎに，ロボットの関節にある減速機で生じる摩擦トルクと，地上で働く重力を考慮したうえで，外トルクとして働く意味のある制御入力 $u = [u_1, \cdots, u_n]^{\mathrm{T}}$ を設計する問題を考えよう。ロボットの運動方程式は

150   9. ロボット制御の基礎——解析力学とリーマン幾何学から——

$$H(q)\ddot{q} + \frac{1}{2}\dot{H}(q)\dot{q} + S(q,\ \dot{q})\dot{q} + C_0\dot{q} + g(q) = u \qquad (9.22)$$

とする。ここで散逸トルク項 $C_0\dot{q}$ の係数 C_0 は，正定対角行列とする。制御目的は，時刻 $t = 0$ における姿勢 p から出発して，与えられた目標姿勢 $\bar{p}$ に到達するようにロボットを運動させることである。式 (9.22) を二次の微分方程式と見るとき，初期姿勢 $q(0) = \phi(p)$ と外トルク $u(t)$ を与えても，角速度ベクトル $\dot{q}(t)$ の初期値を与えなければ解 $q(t)$, $\dot{q}(t)$ は定まらない。ここでは，$\dot{q}(0)$ が接ベクトル空間 T_p の原点のある近傍にあれば，任意に与えてよいとする。また，姿勢角ベクトル $q(t)$ と角速度ベクトル $\dot{q}(t)$ は，いつも実時間（real time）で観測できるとし，外トルク $u(t)$ を $q(t)$ や $\dot{q}(t)$ の関数として設計したい。また，行列 $H(q)$ や，摩擦係数からなる行列 C_0 の精度のよい値は求めがたいので，これらの値は直接的には制御入力として用いないが，おおよその値（magnitude）はわかっているものとする。重力項 $g(q)$ については，各剛体の主要な物理パラメータである質量と，関節中心から見た質量中心位置までの長さパラメータはわかっているものとする。これらの主要パラメータの集まりを $\gamma = [\gamma_1,\ \cdots,\ \gamma_m]^{\mathrm{T}}$ とすると，6 章で議論したように，重力項は

$$g(q) = G(q)\gamma \qquad (9.23)$$

と表される。ここで $G(q)$ は $n \times m$ 行列であり，q の成分に関する三角関数から構成されるので，$G(q)$ のすべての要素は，$q(t)$ の実時間計測値から計算可能であるとして差し支えないであろう。

　以上の前提のもとに，ロボットの姿勢を目標姿勢 $\bar{q} = \phi(\bar{p})$ へ到達させるため，以下に示す 1)～3) の三つの制御方法を考察してみよう。

　1)　$u = g(q) - A(q - \bar{q}) - C_1\dot{q}$

　2)　$u = g(\bar{q}) - A(q - \bar{q}) - C_1\dot{q}$

　3)　$u = G(q)\hat{\gamma} - A(q - \bar{q}) - C_1\dot{q}$

制御法 1) は，重力補償付き PD 制御法と呼ばれる。なお，制御法 3) に含まれる $\hat{\gamma}$ は，γ の推定値を表し，以下のように実時間で計算される。

$$\hat{\gamma}(t) = \hat{\gamma}(0) - \int_0^t G^{\mathrm{T}}(\tau)\dot{q}(\tau)\mathrm{d}\tau \tag{9.24}$$

9.3　ポアッソン括弧式に基づくリヤプノフ理論

はじめに，ロボットの姿勢を目標姿勢 $\bar{q} = \phi(\bar{p})$ に制御する方法 1)，すなわち重力補償付き PD 制御法について解析してみよう。この場合，運動方程式は，制御法 1) を式 (9.22) に代入することで，以下のように得ることができる。

$$H(q)\ddot{q} + \left\{ \frac{1}{2}\dot{H}(q) + S(q,\ \dot{q}) + C \right\}\dot{q} + A\Delta q = u \tag{9.25}$$

ここで $C = C_0 + C_1$ であり，これは関節の減速機に由来する散逸項の係数行列 C_0 に，制御系設計者が自由に設定可能とした速度フィードバック係数（ゲイン）行列 C_1 が加わった正定対称行列を表している。また，$\Delta q = q - \bar{q}$ と置いた。各関節がなす仕事率を考えると，それは関節角速度ベクトル $\dot{q}(t)$ と式 (9.25) 左辺第 i 成分の積で表されるので（4.1 節参照），これらを $i = 1$ から n まで総和してみる。このことは，$\dot{q}$ と式 (9.25) 左辺の内積をとることに相当する。その結果

$$\frac{\mathrm{d}}{\mathrm{d}t}\left\{ \frac{1}{2}\dot{q}^{\mathrm{T}}H(q)\dot{q} + \frac{1}{2}\Delta q^{\mathrm{T}}A\Delta q \right\} + \dot{q}^{\mathrm{T}}C\dot{q} = 0 \tag{9.26}$$

を得る。これより

$$\frac{\mathrm{d}}{\mathrm{d}t}\mathcal{E}(\dot{q},\ \Delta q) = -\dot{q}^{\mathrm{T}}C\dot{q} \tag{9.27}$$

となる。ここで

$$\mathcal{E}(\dot{q},\ \Delta q) = \frac{1}{2}\left\{ \dot{q}^{\mathrm{T}}H(q)\dot{q} + \Delta q^{\mathrm{T}}A\Delta q \right\} \tag{9.28}$$

である。$\mathcal{E}$ は，エネルギーの単位を持つとともに，数学的に見ると $\dot{q}$ と Δq について正定である。また，式 (9.27) は一種のエネルギー量である $\mathcal{E}$ の時間微分が負（正確には非正値）になることを示している。このような関係式をリヤプ

152   9. ロボット制御の基礎—解析力学とリーマン幾何学から—

ノフの式（付録 A.1 節参照）と呼ぶが，式 (9.27) 右辺は $\dot{q}$ のみについて負定値であり，Δq についてはなにも示唆していない。式 (9.27) を区間 $[0,\ t]$ で積分すると

$$\mathcal{E}(\dot{q}(t),\ \Delta q(t)) = \mathcal{E}(\dot{q}(0),\ \Delta q(0)) - \int_0^t \dot{q}^{\mathrm{T}}(\tau)C\dot{q}(\tau)\mathrm{d}\tau$$

$$\leqq \mathcal{E}(\dot{q}(0),\ \Delta q(0)) \tag{9.29}$$

となる。このことは，付録 A.1 節の議論に従えば，目標姿勢 $[\dot{q} = 0,\ \bar{q}]$ は安定であるが，漸近安定性はまだ保証されていないことを示している。なお，目標姿勢 $[\dot{q} = 0,\ q = \bar{q}]$ は，式 (9.25) 左辺をゼロにするが，このような状態変数の値を**停留値**という。

目標姿勢 $[\dot{q} = 0,\ q = \bar{q}]$ がリヤプノフの意味で漸近安定になることを示そう。そのために，運動量ベクトル $p = H(q)\dot{q}$ を用いて，ハミルトニアン

$$\mathcal{H}(p,\ q) = \frac{1}{2}p^{\mathrm{T}}H^{-1}(q)p \tag{9.30}$$

を導入し，式 (9.25) と等価な式の組

$$\begin{cases} \dfrac{\mathrm{d}}{\mathrm{d}t}q = \dfrac{\partial \mathcal{H}}{\partial p} \\[2mm] \dfrac{\mathrm{d}}{\mathrm{d}t}p = -\dfrac{\partial \mathcal{H}}{\partial q} - C\dot{q} - A\Delta q \end{cases} \tag{9.31}$$

を考える†。そして，天下り的ではあるが，ある物理量

$$\mathcal{F}(p,\ q) = \mathcal{H}(p,\ q) + \frac{1}{2}\Delta q^{\mathrm{T}}A\Delta q + \alpha p^{\mathrm{T}}\Delta q \tag{9.32}$$

を導入し，その時間微分である式 (8.46) を吟味してみる。ここで α は正の値をとる定数であるが，値の決め方は後程議論する。$\mathcal{F}$ は時間 t には陽に依存しないので，$\partial \mathcal{F}/\partial t = 0$ であり，式 (8.45) に式 (9.31) を適用すると以下のようになる。

---

† 8.3 節を参照（特に式 (8.62) と式 (8.59)）。本節では記号 p は運動量ベクトルを表すことにしている。9.1 節では，リーマン多様体 $\{\mathcal{M},\ p\}$ の点 p として用いたが，混同しないように注意。

$$\frac{\mathrm{d}}{\mathrm{d}t}\mathcal{F} = \sum_{i=1}^{n}\left(\frac{\partial\mathcal{F}}{\partial q_i}\frac{\mathrm{d}q_i}{\mathrm{d}t} + \frac{\partial\mathcal{F}}{\partial p_i}\frac{\mathrm{d}p_i}{\mathrm{d}t}\right)$$

$$= \left\{\frac{\partial\mathcal{F}^{\mathrm{T}}}{\partial q}\frac{\partial\mathcal{H}}{\partial p} - \frac{\partial\mathcal{F}^{\mathrm{T}}}{\partial p}\frac{\partial\mathcal{H}}{\partial q}\right\} - \frac{\partial\mathcal{F}}{\partial p}\left(C\dot{q} + A\Delta q\right) \tag{9.33}$$

式 (9.33) 右辺の括弧 { } の中は，物理量 $\mathcal{F}$ と $\mathcal{H}$ のポアッソンの括弧式になっていることに注目しつつ，$\mathcal{F}$ の p と q に関する偏微分を書き下してみると

$$\frac{\partial\mathcal{F}}{\partial q} = \frac{\partial}{\partial q}\mathcal{H} + A\Delta q + \alpha p \tag{9.34}$$

$$\frac{\partial\mathcal{F}}{\partial p} = \frac{\partial}{\partial p}\mathcal{H} + \alpha\Delta q \tag{9.35}$$

となる。これらを式 (9.33) へ代入すると

$$\frac{\mathrm{d}}{\mathrm{d}t}\mathcal{F} = \{\mathcal{H},\ \mathcal{H}\} + (A\Delta q + \alpha p)^{\mathrm{T}}\dot{q} - \alpha\Delta\dot{q}^{\mathrm{T}}\frac{\partial\mathcal{H}}{\partial q}$$

$$- \left(\frac{\partial\mathcal{H}}{\partial p} + \alpha\Delta q\right)^{\mathrm{T}}(C\dot{q} + A\Delta q)$$

$$= -\dot{q}^{\mathrm{T}}C\dot{q} - \frac{\mathrm{d}}{\mathrm{d}t}\left(\frac{\alpha}{2}\Delta q^{\mathrm{T}}C\Delta q\right) - \alpha\Delta q^{\mathrm{T}}A\Delta q$$

$$+ \alpha\dot{q}^{\mathrm{T}}H(q)\dot{q} - \alpha\Delta q^{\mathrm{T}}\frac{\partial\mathcal{H}}{\partial q} \tag{9.36}$$

となる。これより，新たに

$$\mathcal{V} = \mathcal{F} + \frac{\alpha}{2}\Delta q^{\mathrm{T}}C\Delta q \tag{9.37}$$

と定義すると，式 (9.36) は

$$\frac{\mathrm{d}}{\mathrm{d}t}\mathcal{V} = -\dot{q}^{\mathrm{T}}\left(C - \alpha H(q)\right)\dot{q} - \alpha\Delta q^{\mathrm{T}}A\Delta q - \alpha\Delta q^{\mathrm{T}}\frac{\partial\mathcal{H}}{\partial q} \tag{9.38}$$

となる。ここで $\mathcal{V}$ を具体的に書き下すと，以下のようになる。

$$\mathcal{V} = \frac{1}{2}\left\{\dot{q}^{\mathrm{T}}H(q)\dot{q} + \Delta q^{\mathrm{T}}A\Delta q + \alpha\Delta q^{\mathrm{T}}C\Delta q\right\} + \alpha\dot{q}^{\mathrm{T}}H(q)\Delta q$$

$$\geqq \frac{1}{2}\left\{\dot{q}^{\mathrm{T}}H(q)\dot{q} + \Delta q^{\mathrm{T}}(A + \alpha C)\Delta q\right\} - \frac{1}{4}\dot{q}^{\mathrm{T}}H(q)\dot{q} - \alpha^2\Delta q^{\mathrm{T}}H(q)\Delta q$$

$$= \frac{1}{4}\dot{q}^{\mathrm{T}}H(q)\dot{q} + \frac{1}{2}\Delta q^{\mathrm{T}}\left(A + \alpha C - 2\alpha^2 H(q)\right)\Delta q \tag{9.39}$$

ここで，スカラー定数 $\alpha > 0$ を仮に時定数（time constant，物理単位〔1/s〕）と呼ぶことにする。ロボットの姿勢 $q(t)$ を，目標の $\bar{q}$ に指数関数的に，すなわち $t \to \infty$ のとき $e^{-\alpha t} \to 0$ の速さで収束させる条件を見出したい。ロボットの関節に取り付けた減速機の摩擦係数は十分に大きいが，不足するようであれば C_1 を大きくとることにより，不等式

$$C - 3\alpha H(q) \geqq 0 \tag{9.40}$$

が満たされるとしよう。その結果，式 (9.39) は

$$\mathcal{V} \geqq \frac{1}{4}\dot{q}^{\mathrm{T}}H(q)\dot{q} + \frac{1}{2}\Delta q^{\mathrm{T}}A\Delta q \geqq \frac{1}{2}\mathcal{E}(\dot{q},\ \Delta q) \tag{9.41}$$

と書き改められる。ここで式 (9.41) 右辺にある $\mathcal{E}$ は，式 (9.28) で与えられている。同様に，$\mathcal{V}$ は上限を以下のように押さえることができる。

$$\mathcal{V} \leqq \frac{3}{4}\dot{q}^{\mathrm{T}}H(q)\dot{q} + \frac{1}{2}\Delta q^{\mathrm{T}}\left(A + \alpha C + 2\alpha^2 H(q)\right)\Delta q \tag{9.42}$$

ここで位置フィードバック係数（ゲイン）行列 A について

$$A \geqq 2\alpha C \tag{9.43}$$

が満たされるように選ぶと，$\mathcal{V}$ は $\dot{q}$ と Δq の正値二次形式によって，以下のように上限，下限とも押さえることができる。

$$\frac{1}{2}\mathcal{E}(\dot{q},\ \Delta q) \leqq \mathcal{V}(\dot{q},\ \Delta q) \leqq 2\mathcal{E}(\dot{q},\ \Delta q) \tag{9.44}$$

他方，物理量 $\mathcal{V}$ の時間微分は，式 (9.38) で示されているが，式 (9.38) 右辺最後の項は，以下のよう書き改められることに注意しよう。

$$\alpha\Delta q^{\mathrm{T}}\frac{\partial \mathcal{H}}{\partial q} = \alpha\Delta q^{\mathrm{T}}\frac{\partial}{\partial q}\left(p^{\mathrm{T}}H^{-1}(q)p\right) = -\alpha\dot{q}^{\mathrm{T}}\left\{\sum_{i=1}^{n}\Delta q_i\frac{\partial H(q)}{\partial q_i}\right\}\dot{q} \tag{9.45}$$

ここで $H^{-1}(q)$ の q_i による偏微分は，等式 $H^{-1}(q)H(q) = I$ が成立すること
から，$\partial H^{-1}(q)/\partial q_i = -H^{-1}(q)\left(\partial H(q)/\partial q_i\right)H^{-1}(q)$ となることを利用した。
式 (9.45) 右辺の括弧 { } の中を吟味すると，式 (9.27), (9.28) より

$$\frac{1}{2}\Delta q^{\mathrm{T}}(t)A\Delta q(t) \leq \mathcal{E}(\dot{q}(t),\ \Delta q(t)) \leq \mathcal{E}(\dot{q}(0),\ \Delta q(0))$$

$$= \frac{1}{2}\dot{q}^{\mathrm{T}}(0)H(q(0))\dot{q}(0) + \frac{1}{2}\Delta q(0)A\Delta q(0) \qquad (9.46)$$

となるので，$\Delta q_i(t)$ の絶対値には上限が存在する。また，$H(q)$ は正定対称行
列であり，対角線部の定数部 h_{ii} と h_{jj} に，それぞれ剛体の主慣性モーメント
と増幅された減速機の慣性モーメントが入ってくるので，h_{ij} と比較して大き
な値をとる（付録 A.2 節参照）。よって，ある定数 $\eta > 0$ が存在し，すべての i
に対して

$$\forall q,\ \frac{\partial H(q)}{\partial q_i} \leq \eta H(q) \qquad (9.47)$$

が成立する。その結果，式 (9.45), (9.47) より

$$\pm \sum_{i=1}^{n} \alpha \Delta q_i \frac{\partial \mathcal{H}}{\partial q_i} \leq \alpha \dot{q}^{\mathrm{T}} \left\{ \sum_{i=1}^{n} |\Delta q_i| \eta H(q) \right\} \dot{q}$$

$$= \alpha \eta \left\{ \sum_{i=1}^{n} |\Delta q_i| \right\} \dot{q}^{\mathrm{T}} H(q) \dot{q} \qquad (9.48)$$

となる。ここでは，スタート時点における $q(0)$ は目標姿勢 $\bar{q}$ のある近傍にあ
り，初期角速度 $\dot{q}(0)$ は適当に小さいとしよう。もっと精密に解析することもで
きるが（付録 A.3 節参照），上記の議論だけからも，与えられた $\eta > 0$ に対し
て（式 (9.47) を満たす η）ある $\delta > 0$ が存在し，もし初期姿勢 $q(0)$ が

$$\sum_{i=1}^{n} |\Delta q_i(0)| \leq \delta \qquad (9.49)$$

を満たせば

$$\sum_{i=1}^{n} |\Delta q_i(t)| \leq \frac{1}{\eta} \qquad (9.50)$$

156　9.　ロボット制御の基礎—解析力学とリーマン幾何学から—

とすることができる。こうして，式 (9.48) より

$$-\sum_{i=1}^{n} \alpha \Delta q^{\mathrm{T}} \frac{\partial \mathcal{H}}{\partial q} \leqq \alpha \dot{q}^{\mathrm{T}} H(q) \dot{q} \tag{9.51}$$

となり，式 (9.38) に代入して式 (9.40) を参照すると

$$\frac{\mathrm{d}}{\mathrm{d}t} \mathcal{V} \leqq -\alpha \dot{q}^{\mathrm{T}} H(q) \dot{q} - \alpha \Delta q^{\mathrm{T}} A \Delta q \tag{9.52}$$

を得る。

　以上，長い解析の末, $\dot{q}$ と Δq について正定値をとるスカラー関数 $\mathcal{V}$ に対して，その時間微分が負定値をとるスカラー関数となったので, 目標姿勢 $[\dot{q}=0,\ q=\bar{q}]$ は，リヤプノフの第二定理（付録 A.1 節参照）より，漸近安定になることが示された。

　最後に得た不等式 (9.52) は，より重要な結論を導く。実際，式 (9.44) を参照すると，式 (9.52) より不等式

$$\frac{\mathrm{d}}{\mathrm{d}t} \mathcal{V} \leqq -2\alpha \mathcal{E} \leqq -\alpha \mathcal{V} \tag{9.53}$$

を得る。$\mathcal{V}$ が正定値スカラー関数であることから，式 (9.53) より以下の式が成立する。

$$\mathcal{V}(\dot{q}(t),\ \Delta q(t)) \leqq e^{-\alpha t} \mathcal{V}(\dot{q}(0),\ \Delta q(0)) \tag{9.54}$$

式 (9.54) は，不等式 (9.44) より

$$\mathcal{E}(\dot{q}(t),\ \Delta q(t)) \leqq 2e^{-\alpha t} \mathcal{V}(\dot{q}(0),\ \Delta q(0)) \tag{9.55}$$

が成立することを示している。こうして, $\dot{q}(t)$ と $\Delta q(t)$ はともに $t \to \infty$ のとき，指数関数の速さでゼロに収束すること，すなわち, $q(t)$ は指数関数の速さで目標姿勢に収束することが示された。

　つぎに，制御法 2) について解析してみよう。この場合，制御法 2) を式 (9.22) に代入して，運動方程式

9.3 ポアッソン括弧式に基づくリヤプノフ理論　157

$$H(q)\ddot{q} + \left\{\frac{1}{2}\dot{H}(q) + S(q,\ \dot{q})\right\}\dot{q} + C\dot{q} + g(q) - g(\bar{q}) + A\Delta q = 0$$

$$(9.56)$$

を得る。式 (9.56) と $\dot{q}$ との内積をとると

$$\frac{\mathrm{d}}{\mathrm{d}t}\left\{\frac{1}{2}\dot{q}^{\mathrm{T}}H(q)\dot{q} + \frac{1}{2}\Delta q^{\mathrm{T}}A\Delta q + \mathcal{U}(q) - \mathcal{U}(\bar{q}) - \Delta q^{\mathrm{T}}g(\bar{q})\right\} = -\dot{q}^{\mathrm{T}}C\dot{q}$$

$$(9.57)$$

が求まる。ここで $\mathcal{U}(q)$ は 6.3 節と 7.4 節で述べているように，重力によるポテンシャルを表す。$\mathcal{U}(q)$ を $q = \bar{q}$ まわりでテーラー展開し，$\partial\mathcal{U}(q)/\partial q = g(q)$ を代入すると

$$\mathcal{U}(q) = \mathcal{U}(\bar{q}) + g^{\mathrm{T}}(\bar{q})\Delta q + \mathcal{O}(\|\Delta q\|^2)$$

$$(9.58)$$

となる。ここで $\mathcal{O}(\ )$ は，各要素の絶対値が Δq のユークリッドノルム $\|\Delta q\|$ の二乗の大きさであり，$g(q)$ が q の要素に関する三角関数で構成されているので，位置フィードバック係数（ゲイン）行列 A を適当に大きく設計すれば

$$\mathcal{U}(q) - \mathcal{U}(\bar{q}) - g^{\mathrm{T}}(\bar{q})\Delta q + \frac{1}{2}\Delta q^{\mathrm{T}}A\Delta q \geqq \frac{1}{4}\Delta q^{\mathrm{T}}A\Delta q$$

$$(9.59)$$

とすることができる。ここから，制御法 1) で行った議論を同じように展開すれば，目標姿勢 $\bar{q}$ におけるリヤプノフの意味での安定性や，漸近安定性を示すことができる。

　最後に，制御法 3) について検討するために，制御法 3) を式 (9.22) に代入して得られる運動方程式

$$H(q)\ddot{q} + \frac{1}{2}\dot{H}(q)\dot{q} + S(q,\ \dot{q})\dot{q} + C\dot{q} - G(q)(\hat{\gamma} - \bar{\gamma}) + A\Delta q = 0$$

$$(9.60)$$

を考えよう。ここで $\bar{\gamma}$ は推定すべきパラメータの真値であり，$g(q) = G(q)\bar{\gamma}$ を満たす。式 (9.60) と $\dot{q}$ との内積をとると

$$\frac{\mathrm{d}}{\mathrm{d}t}\left\{\frac{1}{2}\left(\dot{q}^{\mathrm{T}}H(q)\dot{q}+\Delta q^{\mathrm{T}}A\Delta q\right)+\frac{1}{2}\|\Delta\gamma\|^{2}\right\}=-\dot{q}^{\mathrm{T}}C\dot{q} \qquad (9.61)$$

ここで $\Delta\gamma=\hat{\gamma}-\bar{\gamma}$ である。左辺の括弧 { } の中身は $\dot{q}$ と Δq に関して正定なので，目標姿勢 $\bar{q}$ におけるリヤプノフの意味での安定性は示せるが，漸近安定性については判断できない。現実に日常作業を行うロボットをつくれば，質量がわかっていない未知物体の把持を想定する必要があり，そのためのポテンシャル項のパラメータ推定法は重要な制御ツールになると思われる。そのため，推定速度を高めるために，式 (9.24) に代えて $m\times m$ の正定対角行列 $\varGamma$ を導入して，推定値 $\hat{\gamma}$ を

$$\hat{\gamma}=\hat{\gamma}(0)-\int_{0}^{t}\varGamma G^{\mathrm{T}}(\tau)\dot{q}(\tau)\mathrm{d}\tau \qquad (9.62)$$

として，推定値の修正能力を向上させることも考えられている。

なお，式 (9.62) に基づく推定値 $\hat{\gamma}$ を用いるとき，目標姿勢 $\bar{q}$ が漸近安定となるためには，積分核 $\mathcal{K}(t,\tau)=G(q(t))\varGamma G^{\mathrm{T}}(q(\tau))$ が正定値作用素になることが十分条件である。しかし，指数関数の速さで収束するための条件，特に時定数 $\alpha>0$ を定めるための条件などの課題は，まだ残されている。

9.4　リーマン計量とロボット制御系設計の基礎

以上のように，解析力学に則した結果をロボットの設計と制御の立場から解釈し直してみると，つぎのような議論が展開できる。

1) リヤプノフの意味での漸近安定性は，フィードバック係数（ゲイン）行列 C_1 と A が正定対称行列として与えられていれば，数学的には証明されたことになっている。言い換えると，任意の $\varepsilon>0$ に対して，ある $\delta>0$ が存在し，初期条件が $\|\Delta q(0)\|<\delta$ かつ $\|\dot{q}(0)\|<\delta$ であれば，任意の $t>0$ に対して $\|\Delta q(t)\|<\varepsilon$ かつ $\|\dot{q}(t)\|<\varepsilon$ となることは，式 (9.29) によって示されている（リヤプノフの安定性）。しかも，与えられた $C_1>0$ と $A>0$ に対して，式 (9.40) と式 (9.43) が満足できるように $\alpha>0$ を

選ぶことができるであろう。こうして，式 (9.55) から，$t \to \infty$ のとき $\dot{q}(t) \to 0$ かつ $q(t) \to \bar{q}$ となるので，目標状態 $[\dot{q} = 0,\ q = \bar{q}]$ は，リヤプノフの意味で漸近安定となる。

2) この議論では，数値 $\varepsilon > 0$ や $\delta > 0$，ならびに正定対称行列 C_1 や A が乗るべき物理単位を無視しているので，ロボットの目標姿勢に収束する速さが導出できていない。物理的には，減速機の摩擦係数 C_0 や速度フィードバック（ゲイン）係数 C_1，それに位置フィードバック（ゲイン）係数行列 A の大きさは，それぞれの物理単位に則して議論する必要がある。実用的なロボットを設計し，実質的な制御系をつくるには，目標姿勢に達する収束速度を規定する時間関数 $e^{-\gamma t}$ の指数部係数 $\gamma > 0$ を第一に決めておく必要があろう。この指数部係数 $\alpha > 0$ のことを**時定数**（time constant）と呼ぼう。上述の解析結果では，式 (9.32) に示したように，力学量 $\alpha p^{\mathrm{T}} \Delta q$ を導入することにより，ポアッソン括弧式に基づいて，C は $\alpha H(q)$ と同じ物理単位に乗って比較することが可能となり，A は αC や $\alpha^2 H(q)$ と比較することができる。フィードバック係数（ゲイン）行列 C と A をそれぞれ式 (9.40) と式 (9.43) を満たすように設計すれば，ロボットの姿勢 $q(t)$ は，その目標 $\bar{q}$ に設計定数 $\gamma = \alpha/2 > 0$ を時定数として指数関数的速度で収束すると結論付けられる。

3) 現実には，与えられた設計目標（時定数 $\alpha > 0$）に対して，位置フィードバック係数（ゲイン）行列 $A > 0$ を式 (9.43) を満たすように選ぶと，過剰設計になると予想される。実際，A が大きすぎると，いくつかの関節角に行きすぎが生じ，初期振動現象が起きやすくなる。式 (9.40) と式 (9.43) は，便宜上，議論が複雑になることを避けるために導いたのであり，本来はもう少し精密に議論することができる。実際，不等式

$$\alpha \dot{q}^{\mathrm{T}} H(q) \Delta q \leqq \frac{1}{2} \dot{q}^{\mathrm{T}} H(q) \dot{q} + \frac{\alpha^2}{2} \Delta q^{\mathrm{T}} H(q) \Delta q \tag{9.63}$$

が成立するので，式 (9.39) の $\mathcal{V}$ の等号式にある該当項に代入することにより，式 (9.42) に代えて次式を得る。

160   9. ロボット制御の基礎——解析力学とリーマン幾何学から——

$$\mathcal{V} \leq \dot{q}^{\mathrm{T}} H(q) \dot{q} + \frac{1}{2} \Delta q^{\mathrm{T}} \left(A + \alpha C + \alpha^2 H(q) \right) \Delta q \tag{9.64}$$

そこで，C が式 (9.40) を満足するように設計されたならば，A の大きさ
は式 (9.43) に代えて

$$A \geq \frac{4}{3} \alpha C \tag{9.65}$$

とすれば，不等式 (9.44) が成立し，式 (9.52) および式 (9.55) が示され
たことになる。

以上の議論のもとに，フィードバック係数（ゲイン）行列 C（実際には $C = C_0 + C_1$ として，C_1）と A を限界近くに設定してみよう。すなわち

$$C \approx 3\alpha H(q), \quad A \approx 4\alpha^2 H(q) \tag{9.66}$$

と想定してみる。付録 A.2 節で説明があるように，実用的なロボットの慣性行
列 $H(q)$ の大きさは，その主対角線部が優越して担っている。数学の言葉を用
いれば，1 より少々小さい無次元スカラー量 $\eta > 0$ と正定対角行列 H_0 が存在
し，それは

$$(1 - \eta) H(q) \leq H_0 \leq (1 + \eta) H(q) \tag{9.67}$$

と仮定してよい。したがって，C と A を正定対角行列として式 (9.66) のよう
に近似的に選べることがわかる。そのとき，トーラス T^n 上でロボットがたど
る運動軌跡曲線の $p_0 = \phi^{-1}(q(0))$ から $\bar{p} = \phi^{-1}(\bar{q})$ に至るリーマン距離はどの
ように評価できるかが問われる。このようなリーマン距離の観点から見ると，
式 (9.66) の選定は過剰設計になることが示せる。特に，式 (9.66) についていえ
ば，$A \approx 4\alpha^2 H(q)$ とするのは大きすぎ，目標に向かいつつも行きすぎが起こり
うるかもしれない。式 (9.66) は単に収束速度が時定数 $\alpha > 0$ を指数部に持つ
指数関数になる十分条件として導かれたことに留意すれば，$p_0 = \phi^{-1}(q(0))$ か
ら $\bar{p} = \phi^{-1}(\bar{q})$ に至る運動軌跡のリーマン距離の下界と上界を算出しておくこ
とも実用的には非常に重要である。そのため，$\mathcal{V}$ と $\mathcal{E}$ の間にもっと強いつぎの
関係式が成立することに注意しておく（章末問題【3】参照）。

$$\mathcal{V}(\dot{q}, \Delta q) \geqq \frac{3}{4} \mathcal{E}(\dot{q}, \Delta q) \tag{9.68}$$

はじめに，慣性行列 $H(q)$ に基づくリーマン計量のもとで，初期姿勢 $p_0 = \phi^{-1}(q(0))$ から目標姿勢 $\bar{p} = \phi^{-1}(\bar{q})$ に至る運動軌跡の最短曲線は，測地線方程式（オイラーの方程式，式 (9.17)）を満たす．そこで時間区間 $[0, T]$ を適当にとったとき，測地線を $q^*(t)$ で表すと，p_0 から $\bar{p}$ に至る最短リーマン距離は

$$d_{H(q)}(p_0, \bar{p}) = \int_0^T \sqrt{\sum_{i,j} h_{ij}(q^*) \dot{q}_i^*(t) \dot{q}_j^*(t)} \, \mathrm{d}t \tag{9.69}$$

と表される．$q^*(t)$ の初期条件と終端条件はそれぞれ $q^*(0) = \phi(p_0)$，$q^*(T) = \phi(\bar{p})$ と与えられている．この両側境界値を与えることで，測地線のスタート時の速度ベクトル $\dot{q}^*(0) \in T_{p_0}\mathcal{M}$ は自然に定まるはずである．他方，この測地線に沿って別の H_0 に基づく計量を入れてみる．すなわち

$$d_{H_0}^*(p_0, \bar{p}) = \int_0^T \sqrt{\sum_{i,j} h_{0_{ij}} \dot{q}_i^*(t) \dot{q}_j^*(t)} \, \mathrm{d}t \tag{9.70}$$

と定義してみる．式 (9.67) より，明らかに不等式

$$d_{H_0}^*(p_0, \bar{p}) \leq \sqrt{1+\eta} \, d_{H(q)}(p_0, \bar{p}) \tag{9.71}$$

が成立する．つぎに，H_0 に基づくリーマン計量を与えたときの測地線方程式を考えると，それは

$$H_0 \ddot{q} = 0, \quad q_0(0) = q(0) \ \& \ q_0(T) = \bar{q} \tag{9.72}$$

と与えられる．この境界条件を満たす解曲線 $p_0(t) = \phi^{-1}(q_0(t))$ の長さは，H_0 に基づく計量の p_0 から $\bar{p}$ への最短距離を与えるので，不等式

$$d_{H_0}(p_0, \bar{p}) \leq d_{H_0}^*(p_0, \bar{p}) \leq \sqrt{1+\eta} \, d_{H(q)}(p_0, \bar{p}) \tag{9.73}$$

が成立する．幸いにも，境界条件付きオイラーの方程式 (9.72) の解は容易に求まり，以下のようになる．

$$\dot{q}_{0i}(0) = \dot{q}_{0i}(T) = \frac{1}{T}\left(\bar{q}_i - q_i(0)\right) \tag{9.74}$$

$$q_{0i}(t) = q_i(0) + \frac{t}{T}\left(\bar{q}_i - q_i(0)\right) \tag{9.75}$$

これより，H_0 に基づくリーマン距離はすぐに求まり

$$d_{H_0}(p_0, \ \bar{p}) = \sqrt{\Delta q_0^{\mathrm{T}} H_0 \Delta q_0} \tag{9.76}$$

となる。この結果は，式 (9.73) よりリーマン計量 $H(q)$ に基づく T^n 上の点 $p_0 = \phi^{-1}(q(0))$ から $\bar{p} = \phi^{-1}(\bar{q})$ までの最短距離が，つぎのような下限を持つことを示している。

$$d_{H(q)}(p_0, \ \bar{p}) \geqq \sqrt{\frac{1}{1+\eta}\Delta q_0^{\mathrm{T}} H_0 \Delta q_0} \tag{9.77}$$

式 (9.77) 右辺は，任意に試した時間区間 $[0, \ T]$ の長さ T に無関係であり，したがってラグランジュ運動方程式 (9.25) の半無限時間区間 $[0, \ \infty)$ にわたる解 $[\dot{q}(t), \ q(t)]$ に関する軌道のリーマン距離の下限にもなっている。したがって，時定数 α にも関係しない。

上述の議論では，リーマン距離を有限時間区間 $[0, \ T]$ で求めたので，運動開始時の速度ベクトル $\dot{q}(0)$（姿勢 p_0 における接ベクトル $\dot{q}(0) \in T_{p_0}\mathcal{M}$）をゼロに指定することは不可能であった。しかし，ロボットアームの場合，静止状態から運動を開始し，その運動は半無限時間区間 $[0, \ \infty)$ で考える必要がある。そのためには，ロボットを静止状態から起動させ，$t \to \infty$ に従ってその姿勢を目標姿勢 $\bar{p} = \phi^{-1}(\bar{q})$ に漸近収束させなければならない。よって，ロボットを起動させる位置フィードバックと，目標に近づくに従ってブレーキ役を果たす散逸項が必要である。そのように，PD フィードバックを行った場合のリーマン距離がどのように求まるか，おおよその値を知るために，数学実験を行ってみる。

例として，慣性行列を H_0 としたときの運動方程式

$$H_0 \ddot{q} + (\alpha + \beta) H_0 \dot{q} + \alpha\beta H_0 \Delta q = 0 \tag{9.78}$$

を考えてみる。時間区間は $t \in [0, \ \infty)$ とし，初期条件と終端条件は

$$q(0) = \phi(p_0), \qquad \lim_{t \to \infty} q(t) = \bar{q} = \phi(\bar{p}) \tag{9.79}$$

と与えられたとする．ここで $\Delta q = q - \bar{q}$ であり，$\alpha > \beta > 0$ とする．また，速度ベクトル $\dot{q}(t)$ は運動開始時と終端時でともにゼロになるとする．この場合，指数関数的な収束速度を表す時定数は，α と β のうち，小さい方の β〔1/s〕となる．実際，式 (9.79) の境界条件を満たす式 (9.78) の解は

$$\Delta q(t) = \frac{1}{\alpha - \beta} \left(\alpha e^{-\beta t} - \beta e^{-\alpha t} \right) \Delta q(0) \tag{9.80}$$

$$\dot{q}(t) = \frac{-\alpha \beta}{\alpha - \beta} \left(e^{-\beta t} - e^{-\alpha t} \right) \Delta q(0) \tag{9.81}$$

となる．慣性行列の役割を演じる H_0 によるリーマン計量によって，解軌道の $p_0 = \phi^{-1}(q(0))$ から $\bar{p} = \phi^{-1}(\bar{q})$ に至るまでの距離は

$$\begin{aligned}
d^*_{H_0}(p_0, \bar{p}) &= \int_0^\infty \sqrt{\dot{q}^{\mathrm{T}}(t) H_0 \dot{q}(t)} \mathrm{d}t \\
&= \frac{\alpha \beta}{\alpha - \beta} \sqrt{\Delta q^{\mathrm{T}}(0) H_0 \Delta q(0)} \int_0^\infty |e^{-\alpha t} - e^{-\beta t}| \mathrm{d}t \\
&= \sqrt{\Delta q^{\mathrm{T}}(0) H_0 \Delta q(0)}
\end{aligned} \tag{9.82}$$

となる．この結果は式 (9.76) と完全に一致する．方程式 (9.78) は，式 (9.72) で表されたリーマン計量 H_0 に基づく測地線方程式 $H_0 \ddot{q} = 0$ とは異なるが，解曲線は時間 t を用いた曲線の助変数のとる区間を $[0, T]$ から $[0, \infty)$ に変えても，測地線をたどるのである．

　もう一つ注意しておきたいが，$\beta = \alpha > 0$ のとき，式 (9.78) の境界条件（式 (9.79)）を満たす解は

$$\Delta q(t) = (1 + \alpha t) e^{-\alpha t} \Delta q(0) \tag{9.83}$$

$$\dot{q}(t) = -\alpha^2 t e^{-\alpha t} \Delta q(0) \tag{9.84}$$

となる．この場合も詳細に計算してみると

$$d^*_{H_0}(p_0, \bar{p}) = \sqrt{\Delta q^{\mathrm{T}}(0) H_0 \Delta q(0)} \int_0^\infty \alpha^2 t e^{-\alpha t} \mathrm{d}t$$

$$= \sqrt{\Delta q(0) H_0 \Delta q(0)} \tag{9.85}$$

となる。この場合も，$\alpha > 0$ の値にかかわらず，解曲線は $H_0 \dot{q} = 0$ の測地線を
たどることがわかる。

本論に戻ろう。位置と速度のフィードバック係数（ゲイン）行列を (9.66) に
基づいて設計したときのラグランジュの運動方程式について，今度は初期姿勢
p_0 から目標姿勢 $\bar{p}$ に至る運動軌道のリーマン距離の上限を求めてみたい。その
下限（式 (9.77)）を求めた方法，すなわち $H(q)$ を近似する H_0 に基づく計量
の解析法は，この場合使えない。幸いにもラグランジュの運動方程式 (9.25) に
ついて，すでに式 (9.27) や式 (9.44)，式 (9.54) が導かれている。そこで重要な
働きをした物理量 $\mathcal{V}$ は式 (9.37) で定義されているが，これを $\dot{q}$ と Δq の関数と
して書き下しておこう。

$$\mathcal{V}(\dot{q},\ \Delta q) = \frac{1}{2}\dot{q}^{\mathrm{T}} H(q)\dot{q} + \frac{1}{2}\Delta q^{\mathrm{T}} \left(A + \alpha C\right)\Delta q + \alpha \dot{q}^{\mathrm{T}} H(q)\Delta q \tag{9.86}$$

記法を単純化するために，$\mathcal{V}$ の時刻 t の値を $\mathcal{V}(t)$ で表し，同様に式 (9.28) で定
義した $\mathcal{E}$ についても，記法 $\mathcal{E}(t)$ を用いてみよう。まず，シュワルツの不等式と
式 (9.40) を用いて

$$
\begin{aligned}
d^*_{H(q)}(p_0,\ \bar{p}) &= \int_0^\infty \sqrt{\dot{q}^{\mathrm{T}} H(q)\dot{q}}\,\mathrm{d}t \\
&= \int_0^\infty \sqrt{e^{-\alpha t/2}}\sqrt{e^{\alpha t/2}\dot{q}^{\mathrm{T}} H(q)\dot{q}}\,\mathrm{d}t \\
&\leqq \left\{\int_0^\infty e^{-\alpha t/2}\mathrm{d}t\right\}^{1/2} \left\{\int_0^\infty e^{\alpha t/2}\dot{q}^{\mathrm{T}} H(q)\dot{q}\,\mathrm{d}t\right\}^{1/2} \\
&\leqq \sqrt{\frac{2}{3\alpha^2}} \left\{\int_0^\infty e^{\alpha t/2}\dot{q}^{\mathrm{T}} C\dot{q}\,\mathrm{d}t\right\}^{1/2}
\end{aligned} \tag{9.87}
$$

となる。そこで部分積分を適用し，式 (9.27)，(9.54)，(9.68) を用いると

$$d^*_{H(q)}(p_0,\ \bar{p}) \leqq \sqrt{\frac{2}{3\alpha^2}} \left\{-\int_0^\infty \left(e^{\alpha t/2}\frac{\mathrm{d}}{\mathrm{d}t}\mathcal{E}(t)\right)\mathrm{d}t\right\}^{1/2}$$

$$\leqq \sqrt{\frac{2}{3\alpha^2}} \left\{ -e^{\alpha t/2} \mathcal{E}(t)|_0^\infty + \int_0^\infty \frac{\alpha}{2} e^{\alpha t/2} \mathcal{E}(t) \mathrm{d}t \right\}^{1/2}$$

$$\leqq \sqrt{\frac{2}{3\alpha^2}} \left\{ \mathcal{E}(0) + \int_0^\infty \frac{2}{3} \alpha e^{-\alpha t/2} \mathcal{V}(0) \right\}^{1/2} \tag{9.88}$$

となる．これより，$\mathcal{E}(0)$ と $\mathcal{V}(0)$ の値を境界条件に基づいて求めると

$$d_{H(q)}^*(p_0, \bar{p}) = \int_0^\infty \sqrt{\dot{q}^{\mathrm{T}} H(q) \dot{q}} \mathrm{d}t$$

$$\leqq \sqrt{\frac{2}{3\alpha^2}} \left\{ \Delta q^{\mathrm{T}}(0) \left(\frac{1}{2} A + \frac{2}{3} A + \frac{2}{3} \alpha C \right) \Delta q(0) \right\}^{1/2} \tag{9.89}$$

となる．そこで式 (9.40) と式 (9.65) に基づいて

$$A = \frac{4\alpha^2}{1-\eta} H_0, \quad C = \frac{3\alpha}{1-\eta} H_0 \tag{9.90}$$

と置くと

$$d_{H(q)}^*(p_0, \bar{p}) = \int_0^\infty \sqrt{\dot{q}^{\mathrm{T}} H(q) \dot{q}} \mathrm{d}t \leqq \sqrt{\frac{40}{9(1-\eta)}} \sqrt{\Delta q^{\mathrm{T}}(0) H_0 \Delta q(0)}$$

$$\leqq \sqrt{\frac{40(1+\eta)}{9(1-\eta)}} \sqrt{\Delta q^{\mathrm{T}}(0) H(q(0)) \Delta q(0)}$$

$$\leqq \sqrt{\frac{40(1+\eta)}{9(1-\eta)}} d_{H(q)}(p_0, \bar{p}) \tag{9.91}$$

となることが示された．式 (9.91) 右辺の $d_{H(q)}(p_0, \bar{p})$ はリーマン計量 $H(q)$ に基づく T^n 上の点 p_0 から $\bar{p}$ に至る測地線の距離である．慣性行列 $H(q)$ の非線形部分の割合を表す η を約 0.05 としてみると，p_0 から $\bar{p}$ までのリーマン距離の上界と下界の比は，たかだか $\sqrt{5}$ 倍程度になることが式 (9.91) から読み取れる．式 (9.91) からもわかるように，この上界も時定数 $\gamma = \alpha/2$ に依存しない．ロボットの運動軌道が測地線からあまり離れすぎず，また，その周囲を振動的にたどらないようにするには，$H(q)$ に基づいてフィードバック係数（ゲイン）行列 C_1 と A のバランスのとれた選定が重要であることがわかる．

9.5 ベルンシュタイン問題と冗長関節ロボットの制御

ロボットの姿勢制御と同じように，日常作業ができるロボットにとっては，手先位置の制御は基本であり基礎である．三つの回転関節を連鎖させてロボットアームをつくるとき，その先端部は，三次元ユークリッド空間内のある範囲における，任意に指定された位置に制御できるように設計する．このとき，自由度3のロボットアームの先端を手首と呼ぶなら，手首の中心位置は三つの関節角 $q = [q_1, q_2, q_3]^{\mathrm{T}}$ の関数として表される（図 **9.5**）．その先端位置を三次元ユークリッド空間 E^3 の位置ベクトル $X = [x, y, z]^{\mathrm{T}}$ で表すならば，X は q の三つの成分から構成される関数であり，これを $X(q)$ で表す．関数 $X(q)$ の求め方は7章で述べてあるが，逆に先端位置 $X = \bar{X}$ を指定し，$\bar{X}$ を実現する姿勢 $\bar{q}$ を求めることは単純ではない．一般に，姿勢 q を与えて $X(q)$ を求める方法論を**順運動学**（forward kinematics），逆に $\bar{X}$ を与えて $\bar{q} = X^{-1}(\bar{X})$ の数式を求めることを**逆運動学**（inverse kinematics）と呼び，両者とも学問的に体系化されている．自由度3の場合，逆運動学はそれほど難しくはないが，$\bar{X}$ を与えたときの姿勢 $\bar{q} = X^{-1}(\bar{X})$ は一意に決まるとは限らない．幸い，自由度3の場合，そのような解は有限個（たかだか2〜3個）しかないうえに，たがいに孤立しているので，実際の関節位置と比較すれば，一意に定めることができる．

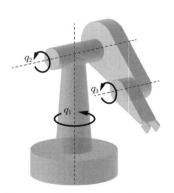

図 **9.5** 自由度3のロボットアーム

こうして，指定した $\bar{X}$ に応じた目標姿勢 $\bar{q}$ が決まれば，前節で論じた方法が同じように成立する。

近年では，手先の三次元位置と速度を実時間で測定することは，比較的容易になってきた。そのため，これらの測定値から逆運動学を介さずに，フィードバックによって目標値制御ができるかどうかが考えられる。それには，もっと重要な動機がある。日常作業用のロボットを設計するため，アーム先端の手首部に多自由度の工具，あるいは指を持つロボットハンド（これらを**手先効果器**（end-effector）と呼ぶ）を取り付けると，ロボットの自由度は3を超え，4～6自由度を持つことになる。さらに，手先効果器の取付け部（手首）そのものに軸まわりの回転や上下への曲げ関節を持たせると，ロボット全体はまさしく冗長自由度を持つことになる。この冗長関節ロボット先端の三次元位置 X を目標としたとき，すなわち $X = \bar{X}$ を目標としたとき，$X(q) = \bar{X}$ を与える q は無数に存在し，逆運動学は問題自体が**不良設定**（ill-posed）となり成立しない（図9.6）。ロボットアームにハンドを装着しても，人間の腕と手指を合わせれば，後者の方の自由度がはるかに高い。肩と手首がそれぞれ自由度3を持ち，肘が自由度1なので，人間の腕は手首の関節まで含めて自由度7を持つと解釈できる。手でペンをしっかり持って固定し，この7自由度を使ってペン先を指定した位置に持っていくのは，小学生になる頃にはうまくできるようになる。この動作を**到達運動**（reaching）というが，冗長自由度を持つ人間では，2～3歳の

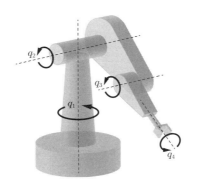

図 **9.6** 自由度4の冗長関節ロボットアーム

168　9. ロボット制御の基礎—解析力学とリーマン幾何学から—

幼児の頃まではうまくは実現できない。幼児が到達運動をいつ頃，いかにして獲得しているかについて，行動心理学や発達心理学で詳しく観察され，分析されているが，力学的な根拠はあまり議論されていない。この最も単純な問題を含め，非常に多くの日常的に必然な熟練動作が，冗長自由度を持つ腕，手，指によってなされていることは，ロシアの運動生理学者ニコライ **A. ベルンシュタイン**（Nicholai A. Bernstein）によって観察され，その科学的根拠が明確化（あるいは明白化）されていないとも主張されている[†]。この意味で冗長自由度問題は，運動生理学では**ベルンシュタイン問題**と呼ばれている。本節では，冗長関節ロボットを用いて，ベルンシュタイン問題のうち，最も基本的な到達運動の制御理論的根拠を明確にしていく。

冗長自由度ロボットについて，目標位置と速度のフィードバック制御

$$u = g(q) - J^{\mathrm{T}}(q)\left(c\dot{X} + k\Delta X\right) - C\dot{q} \tag{9.92}$$

を考えよう。ここで $c > 0$ と $k > 0$ は適当な定数であり，後に定める。また $J(q)$ は $\partial X/\partial q$ を表し，この $3 \times n$ の行列を**ヤコビアン行列**（Jacobian matrix）という。これをラグランジュの運動方程式 (9.9) に代入すると，次式を得る。

$$H(q)\ddot{q} + \left\{\frac{1}{2}\dot{H}(q) + S(q,\ \dot{q}) + C\right\}\dot{q} + J^{\mathrm{T}}(q)\left(c\dot{X} + k\Delta X\right) = 0 \tag{9.93}$$

この両辺と $\dot{q}$ との内積をとると

$$\frac{\mathrm{d}}{\mathrm{d}t}\left\{\frac{1}{2}\dot{q}^{\mathrm{T}}H(q)\dot{q} + \frac{k}{2}\|\Delta X\|^2\right\} = -\dot{q}^{\mathrm{T}}C\dot{q} - c\|\dot{X}\|^2 \tag{9.94}$$

を得る。ここで $\Delta X = X(0) - \bar{X}$ である。いま，式 (9.86) に見習って力学量

$$\mathcal{V} = \frac{1}{2}\dot{q}^{\mathrm{T}}H(q)\dot{q} + \frac{k}{2}\|\Delta X\|^2 + \alpha\dot{q}^{\mathrm{T}}H(q)J^{+}(q)\Delta X + \frac{\alpha c}{2}\|\Delta X\|^2 \tag{9.95}$$

を考えてみよう。ここに，J^{+} は J の擬似逆行列を表す。すなわち $J^{+} =$

[†]　ニコライ A. ベルンシュタイン 著，佐々木正人 監訳，工藤和俊 訳『身体運動と巧みさ』金子書房 (2003)

9.5 ベルンシュタイン問題と冗長関節ロボットの制御

$J^{\mathrm{T}}(JJ^+)^{-1}$。時間微分をとって式 (9.93) を参照すると

$$
\begin{aligned}
\frac{\mathrm{d}}{\mathrm{d}t}\mathcal{V} = &- \dot{q}^{\mathrm{T}}C\dot{q} - c\|\dot{X}\|^2 - \alpha k\|\Delta X\|^2 \\
&- \alpha\left\{\Delta X^{\mathrm{T}}J^{+\mathrm{T}}C\dot{q} + \dot{q}^{\mathrm{T}}HJ^+\dot{X}\right\} \\
&- \alpha h(\dot{q},\ \Delta X)
\end{aligned}
\tag{9.96}
$$

を得る。ここで

$$
h(\dot{q},\ \Delta X) = \dot{q}^{\mathrm{T}}\left\{\left(-\frac{1}{2}\dot{H} - S\right)J^+ + \dot{H}J^+ + H\dot{J}^+\right\}\Delta X
\tag{9.97}
$$

である。式 (9.96) 右辺二段目の各項について，つぎの不等式が成立することに注目しよう。

$$
-\alpha\Delta X^{\mathrm{T}}J^{+\mathrm{T}}C\dot{q} \leqq \frac{\alpha^2}{2}\Delta X^{\mathrm{T}}J^{+\mathrm{T}}CJ^+\Delta X + \frac{1}{2}\dot{q}^{\mathrm{T}}C\dot{q}
\tag{9.98}
$$

$$
-\alpha\dot{q}^{\mathrm{T}}HJ^+\dot{X} \leqq \frac{\alpha}{4}\dot{q}^{\mathrm{T}}H\dot{q} + \alpha\dot{X}^{\mathrm{T}}J^{+\mathrm{T}}HJ^+\dot{X}
\tag{9.99}
$$

ここで，運動の進行中にはヤコビアン行列 $J(q)$ はランク落ちが起こらないと仮定できるとし，その間の $J^{+\mathrm{T}}CJ^+$ の最大固有値の最大値を

$$
c = \sup_q\{\lambda_M(J^{+\mathrm{T}}(q)CJ^+(q))\}
\tag{9.100}
$$

とし，この値を下回らないように散逸係数 c を設定する。そのとき，式 (9.98) は

$$
-\alpha\dot{q}^{\mathrm{T}}CJ^+\Delta X \leqq \frac{1}{2}\dot{q}^{\mathrm{T}}C\dot{q} + \frac{\alpha^2 c}{2}\|\Delta X\|^2
\tag{9.101}
$$

と書き換えられる。また，式 (9.97) の $\dot{q}$ と ΔX の関数 h は，$\dot{q}$ についてはその成分に関する同次二次形式になり，ΔX については同次一次式になっている。しかも，初期条件として $\dot{q}(0) = 0$ とすれば，式 (9.94) から，$\|\Delta X(t)\|$ も $(1/2)\dot{q}^{\mathrm{T}}(t)H(q(t))\dot{q}(t)$ も $\|\Delta X(0)\|$ を超えないので，次式が成立すると仮定できよう。

$$
-\alpha h(\dot{q}, \Delta X) \leqq \dot{q}^{\mathrm{T}}H(q)\dot{q} + \frac{\alpha^2 c}{4}\|\Delta X\|^2
\tag{9.102}
$$

なお，ここでは C はすべての q に対して

$$
\begin{cases}
C \geqq 4\alpha H(q) & (\alpha \geqq 1.0\,[\mathrm{rad/s}]) \\
C \geqq 4H(q) & (1.0 > \alpha > 0)
\end{cases}
\tag{9.103}
$$

と設定されているとするが，そのような初期姿勢や手先目標位置の範囲を厳密に定めることは困難なので，ここでは，この問題をこれ以上深入りしない（付録 A.3 節の議論を拡張する必要がある）。

つぎに，k は任意の q に対して次式が成立するように決められているとしよう。

$$
k \geqq 3\alpha c
\tag{9.104}
$$

一方，α の決め方は後に述べるが，ここでは α は時定数として任意に設定できることとし，慣性行列 $H(q)$ の値には拘束されていないと考えてよい。式 (9.104) より，式 (9.99) はつぎのように変形できる。

$$
\alpha \dot{q}^{\mathrm{T}} H J^{+} \dot{X} \leqq \frac{\alpha}{4} \dot{q}^{\mathrm{T}} H \dot{q} + \frac{c}{4}\|\dot{X}\|^2
\tag{9.105}
$$

以上，式 (9.101)，(9.102)，(9.105) を式 (9.96) 右辺に代入すると

$$
\begin{aligned}
\frac{\mathrm{d}}{\mathrm{d}t}\mathcal{V} \leqq &-\dot{q}^{\mathrm{T}}\left(C - \frac{1}{4}C - \frac{1}{2}C - \frac{\alpha}{4}H\right)\dot{q} - \frac{3c}{4}\|\dot{X}\|^2 \\
&- \alpha\left(k - \frac{3}{4}\alpha c\right)\|\Delta X\|^2
\end{aligned}
\tag{9.106}
$$

ここで定数 $k > 0$ の定め方を再吟味してみよう。いま，冗長関節ロボットの到達運動中，手先位置 X のヤコビアン行列 $J(q)$ は，ランクが落ちない（特異点に入らない）と仮定しよう。言い換えると，3×3 行列 $J(q)J^{\mathrm{T}}(q)$ は正則であるとする。冗長自由度がないと，初期姿勢や目標位置の相対的な関係でむしろ $J(q)J^{\mathrm{T}}(q)$ のランク落ちが起こりうるが，この無視できない問題は，ロボットの機構設計や特異点回避の本質的な議論をも要するので，本テキストでは深入りしない。幸いに，運動中もヤコビアン行列の正則性が仮定できるとき，運動中におけるすべての $q(t)$ に対して，ある $\eta > 0$ が存在して

9.5 ベルンシュタイン問題と冗長関節ロボットの制御　　171

$$\min_t \lambda_m \left(J(q(t))J^{\mathrm{T}}(q(t)) \right) \geqq \frac{1}{\eta} \tag{9.107}$$

であるとしよう。また，散逸行列 C は式 (9.104) にあるように $4\alpha H(q)$ より大きいが，さらに MKS 単位に基づいた数値で比較して $4H(q)$ よりも大きいとしよう。そのとき，式 (9.102) はつぎのように書き換えられる。

$$\frac{\mathrm{d}}{\mathrm{d}t}\mathcal{V} \leqq -\frac{3\alpha}{4}\dot{q}^{\mathrm{T}}H(q)\dot{q} - \frac{3\alpha k}{4}\|\Delta X\|^2 - \frac{2c}{3}\|\dot{X}\|^2 \tag{9.108}$$

こうしてつぎの結果を得る。

$$\frac{\mathrm{d}}{\mathrm{d}t}\mathcal{V} \leqq -\frac{3\alpha}{2}\mathcal{E}(\dot{q},\ \Delta X) \tag{9.109}$$

$$\mathcal{E}(\dot{q},\ \Delta X) = \frac{1}{2}\dot{q}^{\mathrm{T}}H(q)\dot{q} + \frac{k}{2}\|\Delta X\|^2 \tag{9.110}$$

ここで $\mathcal{E}$ は式 (9.94) の括弧 { } の中を表していることに注意する。

　最後に，$\mathcal{V}$ と $\mathcal{E}$ との大きさを比較することによって，$t \to \infty$ のとき，指数関数的な速度で $\mathcal{E}(\dot{q},\ \Delta X) \to 0$ と収束することを示そう。そこで，$\mathcal{E}$ と $\mathcal{V}$ の差を表す量について，不等式

$$\alpha\dot{q}^{\mathrm{T}}HJ^{+}\Delta X \leqq \frac{\alpha\xi}{2}\dot{q}^{\mathrm{T}}H\dot{q} + \frac{\alpha}{2\xi}\Delta X^{\mathrm{T}}J^{+\mathrm{T}}HJ^{+}\Delta X \tag{9.111}$$

が成立することに着目する。ここで $\xi > 0$ をつぎのように選ぶ。

$$\xi = \frac{1}{2\alpha} \quad \text{or} \quad \xi = \frac{1}{3\alpha} \tag{9.112}$$

前半のように ξ を設定すると，式 (9.111) は以下のように書き直せる。

$$\alpha\dot{q}^{\mathrm{T}}HJ^{+}\Delta X \leqq \frac{1}{4}\dot{q}^{\mathrm{T}}H\dot{q} + \frac{\alpha c}{4}\|\Delta X\|^2 \tag{9.113}$$

同様に，反対不等号についても，$\xi = 1/3\alpha$ とすることにより，式

$$\alpha\dot{q}^{\mathrm{T}}HJ^{+}\Delta X \geqq -\left\{ \frac{1}{6}\dot{q}^{\mathrm{T}}H\dot{q} + \frac{3\alpha c}{8}\|\Delta X\|^2 \right\} \tag{9.114}$$

が成立する。これらを式 (9.95) に代入することにより，不等式

$$\frac{2}{3}\mathcal{E}(\dot{q},\,\Delta X) \leqq \mathcal{V}(\dot{q},\,\Delta X) \leqq \frac{3}{2}\mathcal{E}(\dot{q},\,\Delta X) \tag{9.115}$$

を得る．この結果と式 (9.109) を合わせると

$$\frac{\mathrm{d}}{\mathrm{d}t}\mathcal{V} \leqq -\frac{3\alpha}{2}\mathcal{E} \leqq -\alpha\mathcal{V} \tag{9.116}$$

を得る．こうして $\mathcal{E}$ の上限が

$$\begin{aligned}\mathcal{E}(\dot{q}(t),\,\Delta X(t)) &\leqq \frac{3}{2}\mathcal{V}(\dot{q}(0),\,\Delta X(0))e^{-\alpha t} \\ &\leqq \frac{9}{4}\mathcal{E}(\dot{q}(0),\,\Delta X(0))e^{-\alpha t}\end{aligned} \tag{9.117}$$

によって与えられ，それは指数関数の速度でゼロに収束することが示された．この結果，手先位置 $X(t)$ は $t \to \infty$ のとき $\bar{X}$ に収束することが示されたが，同時に姿勢 $q(t)$ も $t \to \infty$ のとき，どこかある姿勢に指数関数的に落ち着くことも示唆されている．

本節の締めくくりとして，再び $3 \times n$ のヤコビアン行列 $J(q)$ の物理的意味に言及しておこう．いま，目標位置と手先位置との間に線型ばねのような復元力 $k\Delta\boldsymbol{X}$ が働いていると仮定してみよう．そうすると，$J^\mathrm{T}(q)$ の第 m 行と $k\Delta\boldsymbol{X}$ との内積は，この m 行に対応する第 m 関節の回転中心と手先位置 X を結ぶ直線をモーメントアーム $\boldsymbol{r}_m$ とするトルク ($\boldsymbol{r}_m \times k\Delta\boldsymbol{X}$) に相当する（図 **9.7**）．

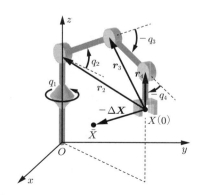

図 **9.7** モーメントアームベクトル $\boldsymbol{r}_m$ の方向

9.6 ハミルトン–ヤコビ方程式の解と最適レギュレーション 173

ロボットアームの自由度が3のとき，二つの連なった関節中心と手先位置が同一直線上にあるとき，$J^{\mathrm{T}}(q)$ の二つの行ベクトルは独立ではなくなり，$J(q)J^{\mathrm{T}}(q)$ はランク落ちする（特異 (singular) になる）。しかし，冗長自由度を持つロボットアームでは，それだけでは $J(q)J^{\mathrm{T}}(q)$ が singular になるとは限らない。

9.6 ハミルトン–ヤコビ方程式の解と最適レギュレーション

再び冗長関節ロボットを取り扱う。もちろん，本節の方法論は冗長自由度がない場合にも通じるが，冗長自由度を持つ場合には逆運動学の不良設定性から目標姿勢が定められず，リーマン測度に関する議論は直接的には成立しない。そこで手先位置の実時間計測に基づくフィードバック制御の設計に最適性の概念を導入し，最適解が満たすべきハミルトン–ヤコビ方程式の解が得られることを示そう。

手先位置の線形フィードバック $u = -\left(c\dot{X} + k\Delta X\right)$ について，ばね係数 k 〔N/m〕の取り方は式 (9.107) で与えられた。しかし，散逸係数 c〔Ns/m〕の選び方は本質的に議論されていない。ここでは，まずはじめに $c = 0$ として前節の議論を振り返ってみる。

運動方程式 (9.93) で $c = 0$ とした二次の微分方程式を，まったく同等な状態方程式と呼ばれる形式で

$$\begin{cases} \dot{q} = p \\ \dot{p} = -H^{-1}(q)\left[\left\{\frac{1}{2}\dot{H}(q) + S(q,\ p) + C\right\}p + J^{\mathrm{T}}(q)k\Delta X\right] \end{cases}$$

(9.118)

と書き直しておく。本形式についても，式 (9.94) と同様に

$$\frac{\mathrm{d}}{\mathrm{d}t}\mathcal{E}(p,\ \Delta X) = -p^{\mathrm{T}}Cp$$

(9.119)

が成立する。ここで $\mathcal{E}(p,\ \Delta X)$ は $\mathcal{E}(\dot{q},\ \Delta X)$ と同じものであることに注意する。もう一つの力学量 $\mathcal{V}$ も同様に式 (9.95) で定義する。そこで $\alpha > 0$ を

174   9. ロボット制御の基礎—解析力学とリーマン幾何学から—

$$k \geq 3\alpha \lambda_M (J^{+\mathrm{T}} C J^+) \tag{9.120}$$

と選べば，状態方程式 (9.118) について

$$\frac{\mathrm{d}}{\mathrm{d}t} \mathcal{V} \leq -\alpha \mathcal{E} \tag{9.121}$$

が成立することを示そう。まず，式 (9.96) 右辺の括弧 { } 第二項は，$J^+ J$ が接空間における射影行列を表し，また，式 (9.103) を仮定するので

$$
\begin{aligned}
-\alpha \dot{q}^{\mathrm{T}} H J^+ J \dot{q} &\leq \frac{\alpha}{2} \dot{q}^{\mathrm{T}} H \dot{q} + \frac{\alpha}{2} \dot{q}^{\mathrm{T}} \left(J^+ J\right)^{\mathrm{T}} H \left(J^+ J\right) \dot{q} \\
&\leq \frac{\alpha}{2} \dot{q}^{\mathrm{T}} H \dot{q} + \frac{\alpha}{2} \dot{q}^{\mathrm{T}} H \dot{q} \\
&\leq \frac{1}{4} \dot{q}^{\mathrm{T}} C \dot{q}
\end{aligned}
\tag{9.122}
$$

と変形できる。

同様に，その第一項は，式 (9.120) より

$$
\begin{aligned}
-\alpha \dot{q}^{\mathrm{T}} C J^+ \Delta X &\leq \alpha^2 \Delta X^{\mathrm{T}} J^{+\mathrm{T}} C J^+ \Delta X + \frac{1}{4} \dot{q}^{\mathrm{T}} C \dot{q} \\
&\leq \frac{\alpha k}{3} \|\Delta X\|^2 + \frac{1}{4} \dot{q} C \dot{q}
\end{aligned}
\tag{9.123}
$$

と変形できるので，式 (9.102) を考慮すれば，結局，式 (9.121) が成立することが示された。

本題に入ろう。制御入力 u は，ヤコビアン行列の転置行列 $J^{\mathrm{T}}(q)$ を介してトルク制御を行うと考えるので，状態方程式は

$$
\left\{
\begin{aligned}
\dot{q} &= p \\
\dot{p} &= -H^{-1}(q) \left[\left\{ \frac{1}{2} \dot{H}(q) + S(q,\, p) + C \right\} p + J^{\mathrm{T}}(q) \left(k \Delta X - u\right) \right]
\end{aligned}
\right.
\tag{9.124}
$$

と表されよう。問題は手先速度のブレーキ役を果たす散逸項を設計することである。その散逸係数 c は，式 (9.100) を参考にして $\eta \lambda_M(C)$ の大きさにとればよいと思われる。実際には，ロボット先端部の 3 自由度を持つ 3 関節の平均的

9.6 ハミルトン–ヤコビ方程式の解と最適レギュレーション 175

な散逸係数を参考に，その η 倍とすることが考えられよう。そのとき，$c\|\dot{X}\|^2$ の時間積分が大きくならないように，さらに，制御入力 u の影響が及んでほかに考えうる物理量の変動が過大にならないように，つぎの**動作指標** (performance index) を与えてみる。

$$\mathcal{I}\left[u;\ t \in [0,\ t_1]\right] = \mathcal{E}\left(p(t_1),\ q(t_1);\ \Delta X(t_1)\right)$$
$$+ \int_0^{t_1} \left\{ p^{\mathrm{T}} C p + \frac{c}{2}\|\dot{X}\|^2 + \frac{c^{-1}}{2}\|u\|^2 \right\} \mathrm{d}t \quad (9.125)$$

これを最小にする $u(t)$ が存在することを確かめるには，$u(t) = 0$ としたときの $p(t)$，$\dot{X}(t)$，$\Delta X(t)$ が，$t \to \infty$ のときゼロに収束し，$q(t)$ も $t \to \infty$ のときある値に漸近収束する必要がある。この条件は，式 (9.120) から式 (9.115) を導けば，式 (9.121) から示せる。冗長自由度を持つ場合，制御変数 u の次元は q の次元より小さいので，可制御性が満たされていないことに注意したい。

状態方程式のもとで動作指標を最小とする問題は，変分法の典型であるが，閉じた解が求まる例はあまりないとされていた。それでも，数値解法は試みられており，その基本手法として，状態変数 p，q に応じて随伴変数ベクトル λ_1，λ_2 を用いてつぎのようなハミルトニアンが導入された。

$$\mathcal{H}(p,\ q,\ \lambda_1,\ \lambda_2,\ u;\ t) = \left[p^{\mathrm{T}} C p + \frac{c}{2}\|Jp\|^2 + \frac{c^{-1}}{2}\|u\|^2 + \lambda_2^{\mathrm{T}} p \right.$$
$$\left. - \lambda_1^{\mathrm{T}} H^{-1} \left\{ \left(\frac{1}{2}\dot{H} + S + C \right) p + J^{\mathrm{T}}(k\Delta X - u) \right\} \right]$$
$$(9.126)$$

そして，**リチャード E. ベルマン** (Richard E. Bellman) は，動作指標 $\mathcal{I}[u;\ t \in [0,\ t_1]]$ を最小にする制御入力 $u(t)$ は，つぎのような**ハミルトン–ヤコビ–ベルマン方程式**（略して H–J–B 方程式）を満足しなければならないことを示した[†]。

$$\frac{\mathcal{W}(p,\ q;\ t)}{\partial t} = \min_{u(t)} \mathcal{H}(p,\ q,\ \lambda_1,\ \lambda_2,\ u;\ t) \quad (9.127)$$

[†] H–J–B 方程式の導出について，ロボットアームに適用された文献として，有本卓 著『数学は工学の期待に応えられるのか』岩波書店 (2004) を参照されたい。

ここで $\mathcal{W}$ は**母関数** (generating function) と呼ばれ，つぎのように定義される。

$$\mathcal{W}(p,\ q;\ t) = \mathcal{E}(p(t_1),\ \Delta X(t_1)) + \int_t^{t_1} \left(p^{\mathrm{T}} C p + \frac{c}{2}\|Jp\|^2 + \frac{c^{-1}}{2}\|u\|^2 \right) \mathrm{d}t \tag{9.128}$$

被積分項の $p,\ q,\ u$ は，最適解 $u(t) = u^*(t)$ を作用して得られる式 (9.124) の解軌道に沿って区間 $[t,\ t_1]$ にわたって展開したものを用いる。ハミルトニアン $\mathcal{H}$ を最小にする u は，$\mathcal{H}$ の中の u に関する項が

$$\frac{\|u\|^2}{2c} + \lambda_1^{\mathrm{T}} H^{-1} J^{\mathrm{T}} u \tag{9.129}$$

と書き表せるので，明らかに

$$u(t) = u^*(t) = -cJ(q(t))H^{-1}(q(t))\lambda_1(t) \tag{9.130}$$

と定まる。ここで母関数 $\mathcal{W}$ の $p,\ q$ に関する勾配ベクトル $\mathcal{W}_p = \partial \mathcal{W}/\partial p$ を用いて，ハミルトニアン $\mathcal{H}$ の中の随伴ベクトル $\lambda_1,\ \lambda_2$ を $\mathcal{W}_p,\ \mathcal{W}_q$ で置き換え，さらに式 (9.130) の λ_1 を $\mathcal{W}_p$ で置き換えて $\mathcal{H}$ を代入すると，H–J–B 方程式は

$$-\frac{\mathcal{W}(p,\ q;\ t)}{\partial t} = \mathcal{H}(p,\ q,\ \mathcal{W}_p,\ \mathcal{W}_q;\ t) \tag{9.131}$$

と表される。これはまさしく，ハミルトン–ヤコビの偏微分方程式である。念のため，ハミルトニアンの詳細を書き下しておく。

$$\begin{aligned}
\mathcal{H}(p,\ q,\ \mathcal{W}_p,\ \mathcal{W}_q;\ t) = {}& p^{\mathrm{T}} C p + \frac{c}{2}\|Jp\|^2 + \mathcal{W}_q^{\mathrm{T}} p \\
& - \mathcal{W}_p^{\mathrm{T}} H^{-1} \left\{ \left(\frac{1}{2}\dot{H} + S + C \right) p + kJ^{\mathrm{T}}\Delta X + \frac{c}{2}J^{\mathrm{T}}JH^{-1}\mathcal{W}_p \right\}
\end{aligned} \tag{9.132}$$

右辺の形は，一見すると複雑であるが，各項にはそれぞれ物理的意味が付与されている。そこで，ハミルトン–ヤコビの方程式 (9.131) を満たす関数 $\mathcal{W}(p,\ q;\ t)$ を見出すことができれば，それはハミルトンの主関数と呼ぶことができる。それが既出の関数 $\mathcal{E}(p,\ q,\ \Delta X)$ にほかならないことを示そう。そこでまず

$$\mathcal{W}(p,\ q;\ t) = \mathcal{E}(p,\ q,\ \Delta X) = \frac{1}{2}p^{\mathrm{T}}H(q)p + \frac{k}{2}\|\Delta X\|^2 \tag{9.133}$$

と定めよう。当然であるが，この決め方において，$\mathcal{W}$ の $t=0$ での初期値および $t=t_1$ での終端値は，式 (9.125) 右辺第一項の $t=0$ の初期値および $t=t_1$ の終端値と一致する。そして，こうして決めてみた $\mathcal{W}$ の $p,\ q$ の勾配ベクトルを確かめると

$$\begin{cases} \mathcal{W}_p = H(q)p \\ \mathcal{W}_q = kJ^{\mathrm{T}}(q)\Delta X + \dfrac{\partial \mathcal{K}}{\partial q} \end{cases} \tag{9.134}$$

ここで $\mathcal{K}$ は運動エネルギーを表し，具体的には

$$\mathcal{K}(p,\ q) = \frac{1}{2}p^{\mathrm{T}}H(q)p \ \left(= \frac{1}{2}\dot{q}^{\mathrm{T}}H(q)\dot{q}\right) \tag{9.135}$$

である。式 (9.134) で求めた $\mathcal{W}_p,\ \mathcal{W}_q$ を $\mathcal{H}$ に代入すると

$$\mathcal{H}(p,\ q,\ \mathcal{W}_p,\ \mathcal{W}_q;\ t) = p^{\mathrm{T}}\frac{\partial \mathcal{K}}{\partial q} - \frac{1}{2}p^{\mathrm{T}}\dot{H}p \tag{9.136}$$

となることが容易に確かめられる。右辺は運動エネルギーの定義式 (9.135) から明らかにゼロとなり，また，$\mathcal{W}$ も t を陽に含まないので $\partial\mathcal{W}/\partial t = 0$ となり，式 (9.133) で決めた $\mathcal{W}$ がハミルトン–ヤコビの偏微分方程式の解であることが示された。$\mathcal{W}$ がまさしくハミルトンの主関数であったのである。

最後に，最適制御入力 $u^*(t)$ を書き下しておくと，式 (9.130) の λ_1 を $\mathcal{W}_p$ で置き換えて

$$u^*(t) = -cJH^{-1}\mathcal{W}_p = -cJp = -cJ\dot{q} = -c\dot{X}(t) \quad (= -cy(t)) \tag{9.137}$$

となる。こうして，最適制御入力を受けたロボットの運動を支配する方程式は

$$H(q)\ddot{q} + \left\{\frac{1}{2}\dot{H}(q) + S(q,\ \dot{q}) + C\right\}\dot{q} + J^{\mathrm{T}}(q)\left(c\dot{X} + k\Delta X\right) = 0 \tag{9.138}$$

178   9. ロボット制御の基礎——解析力学とリーマン幾何学から——

と定まる。これを**閉ループ運動方程式**（closed-loop equation of motion）と呼ぶ。前節では，この方程式の解の $t \to \infty$ のときの挙動を解析した。そこでは解の $q(t)$ が $t \to \infty$ のとき，なんらかの姿勢 q_∞ に指数関数的な速度で収束することが示されたが，初期姿勢 $q(0)$ から q_∞ に至る運動軌道における，例えばリーマン距離などについては，どのように解析すべきか議論は進んでいない。

章　末　問　題

【1】 式 (9.21) に示すロボットの姿勢 p と $\bar{p}$ の間のリーマン距離は，$a = 0$，$b = T$ とすれば，n 次元トーラス T^n 上の $t = 0$ から $t = T$ までの運動軌跡（orbit of motion，曲線）のリーマン測度に関する長さを表す。そこで，単調増加関数

$$t = g(s) = T(1 - e^{-\alpha s})$$

を用いて，助変数 $t \in [0, T]$ を変数 $s \in [0, \infty)$ に代えても，式 (9.21) のリーマン距離は不変であることを示せ。

【2】 一般に式 (9.8) の不等式が成立することを示せ。また，式 (9.7) で等号が成立するのは，$g_{c(t)}(\dot{c}(t), \dot{c}(t))$ が t によらず一定であるときに限ることを示せ。

【3】 Δq と $\dot{q}$ に関する二次形式 $\mathcal{V}(\dot{q}, \Delta q)$ と $\mathcal{E}(\dot{q}, \Delta q)$ の間に，C と A が式 (9.66) のように設定されると，式 (9.41) よりも強い不等式 (9.68) が成立することを示せ。

付　　　　　録

A.1　リヤプノフ安定論

時刻 t に依存する状態変数 $\boldsymbol{x}(t) = [x_1(t), \cdots, x_n(t)]^{\mathrm{T}} \in \mathbb{R}^n$ に関する微分方程式

$$\dot{\boldsymbol{x}}(t) = \frac{\mathrm{d}}{\mathrm{d}t}\boldsymbol{x}(t) = \boldsymbol{f}(t, \boldsymbol{x}(t)) \tag{A.1}$$

を考える。また，$\boldsymbol{x}(t)$ は $t = t_0$ で $\boldsymbol{x}(t_0) = \boldsymbol{x}_0$ の条件（初期条件）を満たすとして，以下を仮定する。

1) $\boldsymbol{x}$ を固定すると，$\boldsymbol{f}(t, \boldsymbol{x})$ は t の関数と考えて区分的連続である。
2) $\mathcal{D} = (-\infty, \infty) \times \mathbb{R}^n$ のコンパクトな領域

$$\mathcal{G} = \left\{(t, \boldsymbol{x}) : t_0 - a \leqq t \leqq t_0 + a, \ \|\boldsymbol{x} - \boldsymbol{x}^0\| \leqq \mathrm{K}\right\}$$

があり，任意の $(t, \boldsymbol{x}), (t, \boldsymbol{y}) \in \mathcal{G}$ に対して区分的連続な関数 $L(t)$ が存在し，以下の式が成立する。

$$\|\boldsymbol{f}(t, \boldsymbol{x}) - \boldsymbol{f}(t, \boldsymbol{y})\| \leqq L(t)\|\boldsymbol{x} - \boldsymbol{y}\| \tag{A.2}$$

このことを $\boldsymbol{f}(t, \boldsymbol{x})$ は局所的にリプシッツ条件を満たすという。

〔1〕　定理 A.1　式 (A.1) が初期条件 $\boldsymbol{x}(t_0) = \boldsymbol{x}^0$ の近傍で局所的に初期条件を満たせば，ある定数 $\alpha \ (0 < \alpha < a)$ が存在して，初期条件を満たす解 $\boldsymbol{x}(t)$ が，区間 $[t_0 - \alpha, t_0 + \alpha]$ で一意的に存在し，t で微分可能である。ここで α はつぎのように選ぶことができる。

$$\alpha = \min\left\{a, \frac{\mathrm{K}}{M}\right\}, \quad M = \max_{(t, \boldsymbol{x}) \in \mathcal{G}}\|\boldsymbol{f}(t, \boldsymbol{x})\|$$

詳細については，文献5) の旧版を参照されたい。

微分方程式 (A.1) について，あるベクトル $\boldsymbol{x}^* \in \mathbb{R}^n$ があって，式

$$\boldsymbol{f}(t, \boldsymbol{x}^*) = 0 \tag{A.3}$$

が成立するならば，式 (A.1) は解 $\boldsymbol{x}(t) = \boldsymbol{x}^*$ を持つ。このような一定値をとる解を式 (A.1) の**平衡点**（equilibrium point）という。便宜上，問題とする平衡点を $\mathbb{R}^n$ の原点にとる。理由は，平衡移動 $\boldsymbol{y} = \boldsymbol{x} - \boldsymbol{x}^*$ としたうえで式 (A.1) に代入すると

$$\dot{\boldsymbol{x}} = \dot{\boldsymbol{y}} = \boldsymbol{f}(t,\ \boldsymbol{y} + \boldsymbol{x}^*) \tag{A.4}$$

と得るが，これは $\boldsymbol{y} = \boldsymbol{0}$ が平衡点になることを示している。そこで，はじめから $\boldsymbol{f}(t,\ \boldsymbol{x})$ のとき $\boldsymbol{f}(t,\ \boldsymbol{0}) = \boldsymbol{0}$ となることとする。

（1）　**安定性**　　微分方程式 (A.1) について，任意の $\varepsilon > 0$ に対してある $\delta(\varepsilon) > 0$ が存在し，初期条件 $\|\boldsymbol{x}(0)\| < \delta(\varepsilon)$ である限り，$\|\boldsymbol{x}(t)\| < \varepsilon$ となるとき，平衡点 $\boldsymbol{x} = \boldsymbol{0}$ は**安定**であるという。

（2）　**漸近安定性**　　微分方程式 (A.1) について，任意の $\varepsilon > 0$ に対してある $\delta(\varepsilon) > 0$ が存在し，$\|\boldsymbol{x}(0)\| < \delta(\varepsilon)$ ならば $\|\boldsymbol{x}(t)\| < \varepsilon$ であり，さらに $\displaystyle\lim_{t \to \infty} \|\boldsymbol{x}(t)\| = 0$ となるとき，平衡点 $\boldsymbol{x} = \boldsymbol{0}$ は**漸近安定**であるという。

微分方程式の $\boldsymbol{f}$ に時間変数が陽に現れず，状態変数のみに関係するとき

$$\dot{\boldsymbol{x}} = \boldsymbol{f}(\boldsymbol{x}) \tag{A.5}$$

を**自律系**（autonomous system）という。

〔2〕　**リヤプノフ関数**　　スカラー値をとる $\boldsymbol{x} \in \mathbb{R}^n$ の関数 $V(\boldsymbol{x})$ があって，$\boldsymbol{x}$ の各成分 x_i について偏微分可能で，かつすべての偏導関数は連続であるとする。このスカラー関数 $V(\boldsymbol{x})$ は，$\boldsymbol{x} = \boldsymbol{0}$ で $V(\boldsymbol{0}) = 0$ となり，しかも $\boldsymbol{x} \neq \boldsymbol{0}$ ならば $V(\boldsymbol{x}) > 0$ となるとき，**正定値**（positive definite）であるという。負定値スカラー関数も同様に定義する。自律的な微分方程式 (A.5) の解 $\boldsymbol{x}(t)$ に沿って，正定値関数 $V(\boldsymbol{x}(t))$ の時間微分が非正定値となる，すなわち

$$\frac{\mathrm{d}}{\mathrm{d}t} V(\boldsymbol{x}) = \sum_{i=1}^{n} \frac{\partial V}{\partial x_i} \frac{\mathrm{d}x_i}{\mathrm{d}t} = \frac{\partial V^{\mathrm{T}}}{\partial \boldsymbol{x}} \boldsymbol{f} \leqq 0 \tag{A.6}$$

が成立するならば，この $V(\boldsymbol{x})$ を，式 (A.5) の平衡点 $\boldsymbol{x} = \boldsymbol{0}$ に関する**リヤプノフ関数**（Lyapnov function）という。

（1）　**リヤプノフの定理 1**　　微分方程式 (A.5) について，平衡点 $\boldsymbol{x} = \boldsymbol{0}$ の近傍でリヤプノフ関数が存在すれば，$\boldsymbol{x} = \boldsymbol{0}$ は安定である。

（2）　**リヤプノフの定理 2**　　同様に，平衡点 $\boldsymbol{x} = \boldsymbol{0}$ 近傍でリヤプノフ関数 $V(\boldsymbol{x})$ が存在し，しかも $\dot{V}\left(= (\partial V^{\mathrm{T}}/\partial \boldsymbol{x})\boldsymbol{f}(\boldsymbol{x})\right)$ が負定値ならば，$\boldsymbol{x} = \boldsymbol{0}$ は漸近安定である。

自律的でない一般の非線形微分方程式 (A.1) については，t に依存するスカラー関数 $W(t,\ \boldsymbol{x})$ があるとして，その微分

$$\dot{W}(t,\ \boldsymbol{x}) = \frac{\partial}{\partial t}W + \frac{\partial W}{\partial \boldsymbol{x}}^{\mathrm{T}} \boldsymbol{f}(t,\ \boldsymbol{x}) \tag{A.7}$$

の負定値を調べる。

（3） **リヤプノフの定理 3**　微分方程式 (A.1) の平衡点 $\boldsymbol{x} = \boldsymbol{0}$ に対して，正定値関数 $V(\boldsymbol{x})$ と $W(t,\ \boldsymbol{0}) = 0$ を満たすスカラー関数 $W(t,\ \boldsymbol{x})$ が存在して，以下の二つの条件

1)　$W(t,\ \boldsymbol{x}) \geqq V(\boldsymbol{x}) > 0$

2)　$\dot{W}(t,\ \boldsymbol{x}) = 0$

を満たすとする。このとき，式 (A.1) の平衡点 $\boldsymbol{x} = \boldsymbol{0}$ は安定である。

（4）　**リヤプノフの定理 4**　同様に，$V(\boldsymbol{x})$，$W(t,\ \boldsymbol{x})$ が存在し，上記の二つの条件 1)，2) を満たしたうえで，さらにもう一つ正定値関数 $U(\boldsymbol{x})$ が存在して，条件

3)　$-\dot{W}(t,\ \boldsymbol{x}) \geqq U(\boldsymbol{x})$

を満たすとする。このとき，式 (A.1) の平衡点 $\boldsymbol{x} = \boldsymbol{0}$ は漸近安定である。

A.2　モータのダイナミクスと減速比

関節駆動に他励磁直流サーボモータを用い，モータシャフトには減速比 $k = n_0/n_1$ の歯車列を取り付けたケースを検討してみる。ここにモータ側の歯車の歯数を n_1，負荷側のそれを n_0 とし，負荷側の関節角を θ，モータの回転角速度を ω で表す。このとき，$\dot{\theta} = \omega/k$ であり，モータ側の運動方程式は

$$\left(\frac{J_0}{k^2} + J_1\right) \frac{\mathrm{d}\omega}{\mathrm{d}t} + b_1\omega = T = Ki_a \tag{A.8}$$

となる。ここで J_0 は負荷側の慣性モーメント，J_1 はモータのロータやシャフト，および減速機などによる慣性モーメント，b_1 は減速機の摩擦係数，K はモータのトルク定数，i_a はモータに流れる電流を表す。一方，電機子回路については，キルヒホッフの電圧則から

$$L_a \frac{\mathrm{d}}{\mathrm{d}t}i_a + R_a i_a + E = v_a \tag{A.9}$$

が成立する。ここで回路のインダクタンス L_a は十分に小さく，時定数 $\tau_a = L_a/R_a$ は無視できるほど小さいと仮定し，電圧 v_a を制御入力とすると，逆起電力 E は $K\omega$ に等しいので，$\dot{\theta} = \omega/k$ を考慮して，式 (A.8)，式 (A.9) より，$\dot{\theta}$ に関する運動方程式

$$J\ddot{\theta} + b\dot{\theta} = k_0 v_a \tag{A.10}$$

が得られる。ここで各係数は以下のようになる。

$$J = J_0 + k^2 J_1, \quad k_0 = \frac{kK}{R_a}, \quad b = \left(b_1 + \frac{K^2}{R_a} \right) k^2 \tag{A.11}$$

ここで v_a は制御入力（電圧）であるが，関節角の位置制御の場合，その目標角 $\bar{\theta}$ と計測値 θ の差 $\Delta\theta = \theta - \bar{\theta}$ を用いて

$$J\ddot{\theta} + b\dot{\theta} = -k_0 k_1 \Delta\theta \tag{A.12}$$

と書き表すことができる。ここで k_1 は角度から電圧への変換係数に増幅器の増幅率を掛けたものであり，**ゲイン定数**と呼ばれる。

負荷側がロボットアームなどの場合，減速比 k は比較的大きく（$k = 100 \sim 500$），その結果，式 (A.11) で見られるように，負荷側の慣性モーメント J_0 よりも，モータから減速機を通して影響する慣性モーメント $k^2 J_1$ の方がかなり大きくなる。このような条件下では，ロボットの慣性行列 $H(\theta)$ については，主対角線項が**優越的**（dominant）になると考えてよいことになる。

A.3　δ と k の数量的関係

9.3 節で述べた式 (9.49)，(9.50) の δ と η の数量的関係を厳密に検討しておく。まず式 (9.47) において，正数 $1/\eta$ は普通には小さく，A.2 節で述べている通り，$1/\eta = 0.002 \sim 0.01$ 程度である。数学的には，η を任意の正数として式 (9.50) を満たす δ を求めておく。また，ここでは静止状態から制御がはじまるとして，$\dot{q}(0) = 0$ とする。そのとき，式 (9.29) より，不等式

$$\frac{1}{2}\dot{q}^{\mathrm{T}}(t)H(q(t))\dot{q}(t) + \frac{1}{2}\Delta q^{\mathrm{T}}(t)A\Delta q(t) \leqq \frac{1}{2}\Delta q^{\mathrm{T}}(0)A\Delta q(0) \tag{A.13}$$

が成立する。行列 A は正定対角行列であるので，その対角要素を a_{ii}，対角要素の最大値を a_M，最小値を a_m とすると，式 (A.13) は

$$\sqrt{a_m} \sum_{i=1}^{n} |\Delta q_i(t)| \leqq \sum_{i=1}^{n} \sqrt{a_{ii}} |\Delta q_i(t)| \leqq \sum_{i=1}^{n} \sqrt{n a_{ii}} |\Delta q_i(0)| \leqq \sqrt{n a_M} \sum_{i=1}^{n} |\Delta q_i(0)| \tag{A.14}$$

となる。以上より

$$\delta \leqq \frac{1}{\eta} \sqrt{\frac{a_m}{n a_M}} \tag{A.15}$$

と設定すると，不等式 (9.49) より

$$\sum_{i=1}^{n} |\Delta q_i(t)| \leqq \sqrt{\frac{na_M}{a_m}} \sum_{i=1}^{n} |\Delta q_i(0)| \leqq \delta \sqrt{\frac{na_M}{a_m}} \leqq \frac{1}{\eta} \tag{A.16}$$

となり，式 (9.50) が導かれる。

引用・参考文献

1）有本　卓，関本昌紘：“巧みさ”とロボットの力学，毎日コミュニケーションズ (2008)

2）田辺行人，品田正樹：解析力学，理・工基礎，裳華房 (1988)

3）吉川恒夫：ロボット制御基礎論，コンピュータ制御機械システムシリーズ 10，コロナ社 (1988)

4）J. J. Craig 著，三浦宏文，下山　勲 訳：ロボティクス──機構・力学・制御，共立出版 (1991)

5）システム制御情報学会 編，有本　卓 著：新版 ロボットの力学と制御，システム制御情報ライブラリー 1，朝倉書店 (2002)

6）C. Lanczos：The Variational Principles of Mechanics Fourth-edition, Dover Publications (2012)

7）内山　勝，中村仁彦：ロボットモーション，岩波講座 ロボット学 (2)，岩波書店 (2004)

8）久保謙一：解析力学，裳華房フィジックスライブラリー，裳華房 (2001)

9）J. Denavit and R. S. Hartenberg：A kinematic notation for lower-pair mechanisms based on matrices, ASME J. Appl. Mech., vol. 22, pp. 215–221 (1955)

10）H. Goldstein, C. Poole, J. Safko 著，矢野　忠，江沢康生，渕崎員弘 訳：古典力学（上）原著第 3 版，吉岡書店 (2006)

11）H. Goldstein, C. Poole, J. Safko 著，矢野　忠，江沢康生，渕崎員弘 訳：古典力学（下）原著第 3 版，吉岡書店 (2009)

12）田島　洋：マルチボディダイナミクスの基礎──3 次元運動方程式の立て方，東京電機大学出版局 (2006)

13）加須栄篤：リーマン幾何学，レクチャーノート基礎編 2，培風館 (2001)

14）F. Bullo and A. D. Lewis：Geometric Control of Mechanical Systems, Springer (2000)

15）S. Arimoto：Control Theory of Non-linear Mechanical Systems：A Passivity-based and Circuit-theoretic Approach, Oxford Univ. Press (1996)

章末問題解答

1章

【1】 質点の質量 m が一定ではなく，変化するので，時間関数 $m(t)$ で表す。そのとき，式 (1.16) はつねに成立するとは限らず，運動量 p の微分はつぎのように表すべきである。

$$\dot{p} = m\dot{v} + \dot{m}v = m\ddot{r} + \dot{m}v$$

【2】 ここでは $r(t)$ は十分になめらかで，2 回続けて微分可能，かつ加速度までとれると仮定しておく。時間区間 $[0, T]$ を N 等分して，$\Delta t = T/N$ と置くと，つぎのように式を展開できる。

$$
\begin{aligned}
d(P_0, P_T) &= \lim_{N \to \infty} \sum_{k=0}^{N-1} \| r((k+1)\,\Delta t) - r(k\,\Delta t) \| \\
&= \lim_{N \to \infty} \sum_{k=0}^{N-1} \left\| \frac{r((k+1)\,\Delta t) - r(k\,\Delta t)}{\Delta t} \right\| \Delta t \\
&= \lim_{N \to \infty} \sum_{k=0}^{N-1} \left\| \dot{r}(k\,\Delta t) + \mathcal{O}\left(\frac{T}{N}\right)^2 \right\| \Delta t \\
&= \lim_{N \to \infty} \sum_{k=0}^{N-1} \left\{ \| \ddot{r}(k\,\Delta t) \| \Delta t + \mathcal{O}\left(\frac{T}{N^2}\right) \right\} \\
&= \int_0^T \| \dot{r}(t) \| \, \mathrm{d}t = \int_0^T \| v(t) \| \, \mathrm{d}t
\end{aligned}
$$

2章

【1】 下記の問題【2】より次式が成立する。

$$\omega \times (\omega \times r) = (r^{\mathrm{T}}\omega)\omega - \|\omega\|^2 r \tag{1}$$

この式と ω との内積をとると

$$
\begin{aligned}
\omega^{\mathrm{T}}\{\omega \times (\omega \times r)\} &= (r^{\mathrm{T}}\omega)\|\omega\|^2 - \|\omega\|^2(\omega^{\mathrm{T}}r) \\
&= 0
\end{aligned}
$$

となる。すなわち，$\boldsymbol{\omega}$ は $\boldsymbol{\omega} \times (\boldsymbol{\omega} \times \boldsymbol{r})$ と直交している。また，式 (1) 右辺は二つのベクトル $\boldsymbol{\omega}$ と $\boldsymbol{r}$ の線形和（一次結合）なので，それは $\boldsymbol{\omega}$ と $\boldsymbol{r}$ のつくる平面上にあるはずである。

【2】 ベクトル $\boldsymbol{a}$ の成分を $\boldsymbol{a} = (a_x, a_y, a_z)^{\mathrm{T}}$ として，また，$\boldsymbol{b}$, $\boldsymbol{c}$ の成分も同様に表すと，右辺は

$$(\boldsymbol{a}^{\mathrm{T}}\boldsymbol{c})\boldsymbol{b} - (\boldsymbol{a}^{\mathrm{T}}\boldsymbol{b})\boldsymbol{c} = \begin{pmatrix} (a_y c_y + a_z c_z)b_x - (a_y b_y + a_z b_z)c_x \\ (a_x c_x + a_z c_z)b_y - (a_x b_x + a_z b_z)c_y \\ (a_x c_x + a_y c_y)b_z - (a_x b_x + a_y b_y)c_z \end{pmatrix}$$

となる。左辺も同様に成分ごとに求めてみると，上式の右辺と一致することを確かめてほしい。

3章

【1】 次式が成立することから明らかであろう。

$$(\boldsymbol{r}^{\mathrm{T}}\boldsymbol{r})I - \boldsymbol{r}\boldsymbol{r}^{\mathrm{T}} = \begin{pmatrix} y^2 + z^2 & -xy & -xz \\ -yx & z^2 + x^2 & -yz \\ -zx & -zy & y^2 + z^2 \end{pmatrix}$$

【2】 オイラーの方程式 (3.57) 第二式と $\boldsymbol{\omega}$ との内積をとると

$$\boldsymbol{\omega}^{\mathrm{T}}I\dot{\boldsymbol{\omega}} + \boldsymbol{\omega}^{\mathrm{T}}\Omega I \boldsymbol{\omega} = \boldsymbol{\omega}^{\mathrm{T}}\boldsymbol{N}$$

となる。この式はつぎのように表すこともできる。

$$\frac{\mathrm{d}}{\mathrm{d}t}\left(\frac{1}{2}\boldsymbol{\omega}^{\mathrm{T}}I\boldsymbol{\omega}\right) + \boldsymbol{\omega}^{\mathrm{T}}\left(-\frac{1}{2}\dot{I} + \Omega I\right)\boldsymbol{\omega} = \boldsymbol{\omega}^{\mathrm{T}}\boldsymbol{N} \tag{1}$$

左辺第二項の括弧 ( ) の中は，式 (3.54) より，つぎのように変形できる。

$$-\frac{1}{2}(\dot{I} - 2\Omega I) = -\frac{1}{2}(\Omega I - I\Omega - 2\Omega I)$$
$$= \frac{1}{2}(\Omega I + I\Omega)$$

右辺の括弧 ( ) の中の行列の転置をとってみると，I は対称行列，$\Omega = -\Omega^{\mathrm{T}}$ なので

$$(\Omega I + I\Omega)^{\mathrm{T}} = I^{\mathrm{T}}\Omega^{\mathrm{T}} + \Omega^{\mathrm{T}}I^{\mathrm{T}} = -(I\Omega + \Omega I)$$

となる。つまり，行列 $(\Omega I + I\Omega)$ は歪対称となる。こうして，式 (1) 左辺第二項は消えることになるので，所与の式を得る。

章 末 問 題 解 答　　187

4章

【1】 3章【2】の解答にあるように，オイラーの方程式 (3.57) 第二式から，式

$$\frac{\mathrm{d}}{\mathrm{d}t}\left\{\frac{1}{2}\boldsymbol{\omega}^{\mathrm{T}}I\boldsymbol{\omega}\right\} = \boldsymbol{\omega}^{\mathrm{T}}\boldsymbol{N}$$

が導ける。ここで $\boldsymbol{N}=0$ と仮定するので，上式を積分することにより，式

$$\frac{1}{2}\boldsymbol{\omega}^{\mathrm{T}}I\boldsymbol{\omega} = \frac{1}{2}\boldsymbol{\omega}^{\mathrm{T}}RI_0R^{\mathrm{T}}\boldsymbol{\omega} = \mathrm{const.}$$

となる。

【2】 剛体の重心位置ベクトルを $\boldsymbol{r} = (r_x, r_y, r_z)^{\mathrm{T}}$ とする。エネルギー保存則は

$$\frac{\mathrm{d}}{\mathrm{d}t}\left\{\frac{1}{2}\boldsymbol{\omega}^{\mathrm{T}}I\boldsymbol{\omega} + \frac{1}{2}M\|\dot{\boldsymbol{r}}\|^2 - Mgr_z\right\} = 0$$

と表すことができる。

5章

【1】 式 (5.50) 第二式右辺の定数を $1/2a$ と置き，両辺に左辺の分母式を掛け，さらに $2a$ を掛けると

$$2a(y')^2 = x(1 + (y')^2)$$

となる。これより

$$(2a - x)(y')^2 = x$$

となり，これを $(2a - x)$ で割り算して，所与の結果である式 (5.51) を得る。

【2】 関数 $F(x, y', y)$ の y'，y に関する偏導関数は

$$\frac{\partial}{\partial y'}F = Iy', \quad \frac{\partial}{\partial y}F = -Mg\sin y$$

となり

$$\frac{\mathrm{d}}{\mathrm{d}x}\frac{\partial F}{\partial y'} = Iy''$$

となる。これらを式 (5.39) に代入すると，式

$$My'' + Mgl\sin y = 0$$

を得る。

188　章末問題解答

6章

【1】 ラグランジアン $\mathcal{L}$ について，それぞれの変数について偏導関数を求めると

$$\frac{\partial \mathcal{L}}{\partial q_1'} = \frac{\partial \mathcal{L}}{\partial \dot{\theta}} = ml^2 \dot{\theta} \sin^2 \phi, \quad \frac{\partial \mathcal{L}}{\partial q_2'} = \frac{\partial \mathcal{L}}{\partial \dot{\phi}} = ml^2 \dot{\phi}$$

$$-\frac{\partial \mathcal{L}}{\partial q_1} = -\frac{\partial \mathcal{L}}{\partial \theta} = 0, \quad -\frac{\partial \mathcal{L}}{\partial q_2} = -\frac{\partial \mathcal{L}}{\partial \phi} = -ml^2 \dot{\theta}^2 \cos\phi \sin\phi$$
$$+ mgl \sin\phi$$

$$\frac{\mathrm{d}}{\mathrm{d}t} \frac{\partial \mathcal{L}}{\partial \dot{\theta}} = ml^2 (\sin^2 \phi) \ddot{\theta} + 2ml^2 \dot{\theta} \dot{\phi} \cos\phi \sin\phi$$

$$\frac{\mathrm{d}}{\mathrm{d}t} \frac{\partial \mathcal{L}}{\partial \dot{\phi}} = ml^2 \ddot{\phi}$$

これらを式 (6.42) に当てはめれば，式 (6.48) を得る。

【2】 実際に式 (6.48) 第一式 $\dot{\theta}$ を掛け，第二式に $\dot{\phi}$ を掛けて加え合わせてみると

$$\frac{\mathrm{d}}{\mathrm{d}t} \left\{ \frac{ml^2}{2} (\dot{\phi}^2 + \dot{\theta}^2 \sin^2 \phi) + mgl \cos\phi \right\} = 0$$

となる。これは次式にほかならない。

$$\frac{\mathrm{d}}{\mathrm{d}t} \{\mathcal{K} + \mathcal{U}\} = 0, \quad \mathcal{K} + \mathcal{U} = \mathrm{const.}$$

7章

【1】 ポテンシャルはつぎのようになる。

$$\mathcal{U}(q_1, q_2) = (m_1 s_1 + m_2 l_1) g \sin q_1 + m_2 s_2 g \sin(q_1 + q_2)$$

【2】 行列 $^{i-1}R_i$ とその転置行列 $(^{i-1}R_i)^{\mathrm{T}}$ の積をとれば，3×3 の単位行列になることが確かめられる。

8章

【1】 最初の二つの式はポアッソンの括弧式の性質 1) から明らかである。第三式は

$$(q_i, p_j) = \sum_{k=1}^{n} \left(\frac{\partial q_i}{\partial q_k} \frac{\partial p_j}{\partial p_k} - \frac{\partial q_i}{\partial p_k} \frac{\partial p_j}{\partial q_k} \right)$$

と書き表せる。右辺の括弧 ( ) の第二項はすべての k で 0 である。第一項の和から $(q_i, p_j) = \delta_{ij}$ であることが導けた。

章 末 問 題 解 答　　189

【2】 式 (6.110), (6.111), (6.107) の $\mathcal{K}$, $\mathcal{U}$, $\mathcal{D}$ を用いて

$$\dot{\boldsymbol{q}} = \frac{\partial \mathcal{H}}{\partial \boldsymbol{p}}, \quad \dot{\boldsymbol{p}} = -\frac{\partial \mathcal{H}}{\partial \boldsymbol{q}} - \frac{\partial \mathcal{D}}{\partial \dot{\boldsymbol{q}}}$$

と表される。ここに $\mathcal{H} = \mathcal{K} + \mathcal{U}$ である。

9 章

【1】 問題で与えられた $g(s)$ より

$$\frac{\mathrm{d}t}{\mathrm{d}s} = g'(s) = \alpha T e^{-\alpha s}$$

となる。また，$\dot{q} = (\mathrm{d}q/\mathrm{d}s) \cdot (\mathrm{d}s/\mathrm{d}t) = q'(s)/g'(s)$ と書き表すことができる。そこで，式 (9.21) について，$\mathrm{d}t = g'(s)\,\mathrm{d}s$ と $\dot{q}(t) = q'(s)/g'(s)$ を代入してみれば，リーマン距離は助変数の変換に対して不変であることがわかる。

【2】 厳密に証明するには少し数学的になるので，数学のテキストブックに譲る。コーシー–シュワルツの不等式について，等号が成立する条件を調べるとよい。

【3】 $\mathcal{V}(\dot{q}, \Delta q)$ は式 (9.39) の最初の等式に示されているが，その中の最後の項は

$$\alpha \dot{q}^{\mathrm{T}} H(q)\,\Delta q \geqq -\frac{1}{8}\dot{q}^{\mathrm{T}} H(q)\dot{q} - 2\alpha^2\,\Delta q^{\mathrm{T}} H(q)\,\Delta q$$

と下から押さえられる。これを $\mathcal{V}$ の定義式に代入すると

$$\mathcal{V} \geqq \frac{3}{8}\dot{q}^{\mathrm{T}} H(q)\dot{q} + \frac{1}{2}\,\Delta q^{\mathrm{T}}(A + \alpha C - 4\alpha^2 H(q))\,\Delta q$$

となる。右辺の最後の項に式 (9.66) を適用し

$$\mathcal{V} \geqq \frac{3}{8}\dot{q}^{\mathrm{T}} H(q)\dot{q} + \frac{3}{8}\,\Delta q^{\mathrm{T}} A\,\Delta q = \frac{3}{4}\mathcal{E}(\dot{q}, \Delta q)$$

となることが示された。

索　　　　引

【あ】

アクション　　　　　　　146
安定性　　　　　　　　　180

【い】

位相空間　　　　　　　　123
位相多様体　　　　　　　142
位　置　　　　　　　　　　8
位置ベクトル r　　　　　　1
一般化位置座標　　　　50, 71
一般化位置ベクトル　　51, 65
一般化運動量ベクトル　　118
一般化座標　　　　16, 48, 106
一般化座標系　　　　　　48
一般化速度ベクトル　　　65
一般化力　　　　65, 69, 109

【う】

運　動
　——の軌跡　　　　　146
　——の法則　　　　　4, 5
運動エネルギー　35, 36, 43,
　　　　　65, 76, 106, 122
運動学　　　　　　　　　101
運動方程式　　　　　7, 101
運動量　　　　　1, 5, 7, 10
運動量ベクトル　　　　　122
運動量保存則　　　　7, 9, 10

【え】

エネルギー　　　　　　　41
エネルギー保存則
　　　　　71, 81, 83, 85
遠心力　　　　　　　　　21

【お】

オイラー
　——の運動方程式　37, 39
　——の定理　　　　　28
　——の方程式
　　　　　48, 59, 63, 79
オイラー角　　　　25, 124
オイラーパラメータ　　　29
オイラー法　　　　　　　9
オイラ－ラグランジュ
　の方程式　140, 145, 149
オフセット　　　　　　　111

【か】

外　積　　　　　　　11, 25
解析力学　　　　　　　　1
回転運動　　　　　　18, 30
回転行列　　　　　　　　23
外　力　　　　　　　9, 95
角運動量　　　　　　　7, 10
角運動量保存則
　　　　　7, 10, 13, 38
角振動数　　　　　　　　77
角速度ベクトル　　　18, 19
仮想仕事　　　　　　　　53
　——の原理　48, 52, 53, 67
仮想変位　　　　　　52, 71
加速度　　　　　　　　3, 8
カーテシアン座標系　　　5
慣　性　　　　　　　　　5
　——の法則　　　　　4, 5
慣性行列　　　85, 109, 114

【か（右欄続き）】

円錐曲線　　　　　　　　88
円錐振り子　　　　　　　58

慣性座標系　　　　　　　5
慣性主軸　　　　37, 114, 125
慣性乗積　　　　　　　　32
慣性テンソル　　　　31, 37
慣性モーメント　　32, 125
慣性力　　　　　　18, 56

【き】

幾何ベクトル　　　　　　2
疑似慣性行列　　　108, 114
逆運動学　　　　　　　　166
球面振り子　　　49, 80, 83
強制項　　　　　　　　　77
強制振動　　　　　　　　77
行列式　　　　　　　　　24
局所座標系　　　　　　　17
曲線の部分　　　　　　　144
許容曲線　　　　　　　　145

【く】

区分的な正則曲線部分　145
クリストッフェルの記号　145

【け】

ゲイン定数　　　　　　　182
ケプラー
　——の第一法則　　　88
　——の第二法則　　　88
　——の第三法則　　88, 89
　——の法則　　　　　86
減衰トルク　　　　　　　91
減衰力　　　　　　　　　90
減速比　　　　　　　　　181
厳密解　　　　　　　　　141

索　　　　　　引　　191

【こ】

拘束条件	22, 23, 51
拘束力	53
剛　体	22
剛体振り子	33, 51
勾　配	46
勾配ベクトル	66
コーシー–シュワルツの	
不等式	146
コリオリ力	21

【さ】

サイクロイド	64
歳差運動	127
最小作用の原理	71
最速降下線問題	60
最短曲線	145, 149
最短リーマン距離	161
最適レギュレーション	
	140, 173
作用・反作用の法則	4, 6
散逸関数	91
三次元振り子	49

【し】

仕　事	41, 42
仕事率	42
仕事量	41
姿　勢	23
姿勢行列	23
姿勢空間	141, 142
姿勢表現	25
質　点	7
質　量	7
時定数	154, 159
重　心	33, 36
修正 DH 記法	101, 103
自由度	22, 23, 48
重力項	109
重力場	43
重力補償付き PD 制御法	
	150

順運動学	166
循環座標	126
瞬時回転軸ベクトル	19
準同型写像	142
冗長関節ロボット	166
シリアルリンク	
マニピュレータ	101
自律系	180
振　幅	77

【す】

スカラー部	29
ストークスの定理	45

【せ】

正規直交行列	23
正規直交ベクトル	23
正準不変量	118
正準変換	131
正準方程式	118, 120, 129
正則曲線部分	144
正定対角行列	37
正定対称行列	32, 115
正定値スカラー関数	156
接空間	144
接　束	144
接ベクトル	143
全運動エネルギー	37
全運動量	9
全エネルギー	83
——の保存則	47, 83
全角運動量	31
漸近安定	180
漸近安定性	180
線形汎関数	62
線形フィードバック	173
全微分	119

【そ】

増　分	41
増分変分	61
測地線	140, 145, 161
測地線方程式	145, 161

速　度	3, 8

【た】

第一変分	62
第一法則	4
第二法則	4
第三法則	4
第一種のクリストッフェル	
記号	147
第一種ラグランジュ	
運動方程式	48, 69
対称コマ	124
代数ベクトル	2
多関節構造体	101
多関節直鎖構造体	101
ダランベールの原理	
	48, 55, 56, 67
他励磁直流サーボモータ	181
単位クォーターニオン	29
単位四元数	29
単振り子	14, 49

【ち】

力	46
——の場	43
中心力	89

【て】

停留値	152
デカルト座標系	5, 16
手先効果器	167
手先到達制御	140
天井走行型クレーン	96
点変換	135

【と】

等価角軸変換	28, 29
動作指標	175
同次変換行列	101, 102
到達運動	167
特異点	26
トーラス	140
トルク	12

トレース　　　　　　107

【に】

二重振り子　　　　　90
二点境界値条件　　　64
ニュートン
　——の運動の法則　　4
　——の運動方程式　　5
　——の第二法則　7, 46
　——の第三法則　　7
ニュートン力学　　　1

【は】

配置空間　　　140, 141
ハミルトニアン　　120
ハミルトン
　——の原理　　71, 80
　——の主関数　137, 176
　——の正準運動方程式　120
　——の正準方程式　118
ハミルトン–ヤコビの
　偏微分方程式
　　　118, 136, 137, 176
ハミルトン–ヤコビ
　方程式　　　　173
ハミルトン–ヤコビ–
　ベルマン方程式　141, 175
パワー　　　　　　42
汎関数　　　　　　61

【ひ】

非慣性系　　　　　5
非慣性座標系　　　16
微小質量　　　　　35
微小体積　　　　　34
微小変位　　　　　48
非線形項　　　　115
微分多様体　　　142

【ふ】

フェルマーの原理　59
複振り子　　　　　90
不変量　　　　　136

ブラキストクローン問題　60
不良設定　　　　167

【へ】

平均速度　　　　　3
平行軸の定理　33, 108
平衡点　　　93, 180
並進加速度　　　17
閉ループ運動方程式　178
ベクトル三重積　　31
ベクトル部　　　29
ベルンシュタイン問題
　　　　　　140, 166
偏微分演算行列　109
変　分　　　　　62
変分学　　　　　61
変分原理　　　95, 96
変分法　　　59, 61
変分問題　　　　79

【ほ】

ポアッソン
　——の括弧式
　　　118, 127, 153
　——の恒等式　128
放物運動　　　　　8
母関数　　　133, 176
保存力　　　41, 44
ポテンシャル
　　41, 45, 76, 106
ポテンシャルエネルギー　45

【み】

右手系　　　　　24

【め】

面積速度　　　57, 87

【も】

モータのダイナミクス　181

【や】

ヤコビアン行列　134, 168

【ゆ】

優越的　　　　　182
ユークリッドノルム　2

【ら】

ラグランジアン
　　74, 81, 106, 108
ラグランジュ安定　93
ラグランジュ乗数
　　　65, 69, 76
ラグランジュの
　運動方程式　71, 74, 79,
　　　83, 106, 109
ラディアン　　　141

【り】

力学系　　　　　48
力学的エネルギー保存則
　　　41, 47, 128
離心率　　　　　88
リプシッツ条件　179
リーマン距離　　145
リーマン計量　　161
リーマン測度　　144
リーマン多様体　140, 144
リヤプノフ関数　180
リヤプノフ
　——の式　　　151
　——の第二定理　156
　——の定理1　180
　——の定理2　180
リュービルの定理　136
両側境界値　　　161

【る】

ルジャンドル変換　120
ルンゲ–クッタ法　　9

【れ】

レイリーの散逸関数　94

索　引　　193

【ろ】

ロドリゲスの回転公式　　28
ロボット　　101

【わ】

歪対称　　85, 148
歪対称行列　　24, 109

ワイヤー張力　　78
ワット　　42

【A】

atan2(ϕ)　　28

【C】

C^{∞} クラス　　142

【D】

DH 記法　　103
DH 記法による
　運動学表現　　103

DH パラメータ　　103

【H】

H–J–B 方程式　　175

【P】

PD 制御　　140
PD フィードバック　　130

【S】

SO（3）　　24

【Z】

ZYX オイラー角　　26

【数字】

2 自由度マニピュレータ　110

―― 著 者 略 歴 ――

有本　卓（ありもと　すぐる）
1959年　京都大学理学部数学科卒業
1959年　沖電気工業株式会社勤務
1967年　工学博士（東京大学）
1967年　東京大学講師
1968年　大阪大学助教授
1973年　大阪大学教授
1988年　東京大学教授
1990年　大阪大学名誉教授
1997年　立命館大学教授
2000年　紫綬褒章
2007年　立命館大学客員教授
　～11年

田原　健二（たはら　けんじ）
1998年　立命館大学理工学部機械工学科卒業
2000年　立命館大学大学院理工学研究科修士課程
　　　　修了（情報システム学専攻）
2003年　立命館大学大学院理工学研究科博士課程
　　　　修了（総合理工学専攻）
　　　　博士（工学）
2003年　理化学研究所バイオ・ミメティックコン
　　　　トロール研究センター研究員
2007年　九州大学大学院システム情報科学研究院
　　　　特任准教授
2011年　九州大学大学院工学研究院機械工学部門
　　　　准教授
2020年　九州大学大学院工学研究院機械工学部門
　　　　教授
　　　　現在に至る

ロボットと解析力学
Robot Control and Analytic Mechanics　　Ⓒ Suguru Arimoto, Kenji Tahara 2018

2018 年 1 月 10 日　初版第 1 刷発行
2020 年 6 月 25 日　初版第 2 刷発行

検印省略	著　者	有　本　　　　卓
		田　原　健　二
	発行者	株式会社　コロナ社
		代表者　牛来真也
	印刷所	三美印刷株式会社
	製本所	有限会社　愛千製本所

112-0011　東京都文京区千石 4-46-10
発 行 所　株式会社　コロナ社
CORONA PUBLISHING CO., LTD.
Tokyo Japan
振替 00140-8-14844・電話(03)3941-3131(代)
ホームページ　https://www.coronasha.co.jp

ISBN 978-4-339-04521-5　C3353　Printed in Japan　　　　（三上）

〈出版者著作権管理機構　委託出版物〉
本書の無断複製は著作権法上での例外を除き禁じられています。複製される場合は，そのつど事前に，
出版者著作権管理機構（電話 03-5244-5088，FAX 03-5244-5089，e-mail: info@jcopy.or.jp）の許諾を
得てください。

本書のコピー，スキャン，デジタル化等の無断複製・転載は著作権法上での例外を除き禁じられています。
購入者以外の第三者による本書の電子データ化及び電子書籍化は，いかなる場合も認めていません。
落丁・乱丁はお取替えいたします。

機械系教科書シリーズ

（各巻A5判，欠番は品切です）

■編集委員長　木本恭司
■幹　　事　平井三友
■編集委員　青木　繁・阪部俊也・丸茂榮佑

配本順	書名	著者	頁	本体
1．（12回）	機械工学概論	木本恭司 編著	236	2800円
2．（1回）	機械系の電気工学	深野あづさ 著	188	2400円
3．（20回）	機械工作法（増補）	平井三友・和田任弘・塚本晃久・本田昌義 共著	208	2500円
4．（3回）	機械設計法	塚田忠夫・朝比奈奎一・黒田孝春・山口健・村川正夫 共著	264	3400円
5．（4回）	システム工学	共著	216	2700円
6．（5回）	材料学	共著	218	2600円
7．（6回）	問題解決のための Cプログラミング	共著	218	2600円
8．（7回）	計測工学	共著	220	2700円
9．（8回）	機械系の工業英語	共著	210	2500円
10．（10回）	機械系の電子回路	共著	184	2300円
11．（9回）	工業熱力学	共著	254	3000円
12．（11回）	数値計算法	共著	170	2200円
13．（13回）	熱エネルギー・環境保全の工学	共著	240	2900円
15．（15回）	流体の力学	共著	208	2500円
16．（16回）	精密加工学	共著	200	2400円
17．（30回）	工業力学（改訂版）	吉村靖夫・米内山誠 共著	240	2800円
18．（31回）	機械力学（増補）	青木繁 著	204	2400円
19．（29回）	材料力学（改訂版）	中島正貴 著	216	2700円
20．（21回）	熱機関工学	共著	206	2600円
21．（22回）	自動制御	阪部俊也・飯田賢一 共著	176	2300円
22．（23回）	ロボット工学	共著	208	2600円
23．（24回）	機構学	共著	202	2600円
24．（25回）	流体機械工学	小池勝 著	172	2300円
25．（26回）	伝熱工学	丸茂榮佑・矢尾匡永・牧野州秀 共著	232	3000円
26．（27回）	材料強度学	境田彰芳 編著	200	2600円
27．（28回）	生産工学 —ものづくりマネジメント工学—	本位田光重・皆川健多郎 共著	176	2300円
28．	CAD／CAM	望月達也 著		

定価は本体価格＋税です。
定価は変更されることがありますのでご了承下さい。

図書目録進呈◆

メカトロニクス教科書シリーズ

（各巻A5判，欠番は品切です）

■編集委員長　安田仁彦
■編集委員　末松良一・妹尾允史・高木章二
　　　　　　藤本英雄・武藤高義

配本順			頁	本体
1.（18回）	新版 メカトロニクスのための **電子回路基礎**	西堀賢司著	220	3000円
2.（3回）	メカトロニクスのための **制御工学**	高木章二著	252	3000円
3.（13回）	**アクチュエータの駆動と制御**（増補）	武藤高義著	200	2400円
4.（2回）	**センシング工学**	新美智秀著	180	2200円
5.（7回）	**ＣＡＤとＣＡＥ**	安田仁彦著	202	2700円
6.（5回）	**コンピュータ統合生産システム**	藤本英雄著	228	2800円
7.（16回）	**材料デバイス工学**	妹尾允史 伊藤智徳 共著	196	2800円
8.（6回）	**ロボット工学**	遠山茂樹著	168	2400円
9.（17回）	**画像処理工学**（改訂版）	末松良一 山田宏尚 共著	238	3000円
10.（9回）	**超精密加工学**	丸井悦男著	230	3000円
11.（8回）	**計測と信号処理**	鳥居孝夫著	186	2300円
13.（14回）	**光工学**	羽根一博著	218	2900円
14.（10回）	**動的システム論**	鈴木正之他著	208	2700円
15.（15回）	メカトロニクスのための **トライボロジー入門**	田中勝之 川久保洋 共著	240	3000円

定価は本体価格＋税です。
定価は変更されることがありますのでご了承下さい。

図書目録進呈◆

新版 ロボット工学ハンドブック

日本ロボット学会 編
（B5判／1,154頁／本体32,000円）
CD-ROM付

刊行のことば

編集委員長　増田良介（東海大学）

「ロボット工学ハンドブック」が刊行されてからすでに15年が経過しようとしています。ロボット工学の分野はこの間飛躍的な進歩を遂げてきており、このたび、現代のロボット工学・技術に対応すべく全面的に改訂を行った「新版ロボット工学ハンドブック」を刊行することになりました。旧版の発行より十年余の間にヒューマノイドロボット、ペットロボット、福祉ロボットなどが登場し、加藤一郎前委員長の予測が徐々に現実のものとなりつつあります。これはコンピュータをはじめとする関連技術の進歩もありますが、ロボット研究者・技術者のたゆまぬ地道な努力に支えられたものにほかなりません。そして「ロボット工学ハンドブック」もその発展の一助になってきたと考えられます。

本ハンドブックは旧版と同様に、専門家だけでなく幅広い読者を対象としたものです。そしてロボットの専門分野とともに学際的な知識が得られるように配慮して構成し、今後の発展が期待されるロボットの先進的な分野や応用分野についてもできうる限り網羅的に収録しています。本書は、ロボットに関連するあらゆる分野のさらなる発展に資することが期待されます。

主要目次

〔第1編：基礎〕ロボットとは／数学基礎／力学基礎／制御基礎／計算機科学基礎，〔第2編：要素〕センサ／アクチュエータ／動力源／機構／材料，〔第3編：ロボットの機構と制御〕総論／アームの機構と制御／ハンドの機構と制御／移動機構，〔第4編：知能化技術〕視覚情報認識／音声情報処理／力触覚認識／センサ高度応用／プラニング／自律移動，〔第5編：システム化技術〕ロボットシステム／モデリングとキャリブレーション／ロボットコントローラ／ロボットプログラミング／シミュレーション／操縦型ロボット／ヒューマンインタフェース／ロボットと通信システム／ロボットシステム設計論／分散システム／ロボットの信頼性，安全性，保全性，人間共存性，〔第6編：次世代基盤技術〕ヒューマノイドロボット／マイクロロボティクス／バイオロボティクス，〔第7編：ロボットの製造業への適用〕インダストリアル・エンジニアリング／製造業におけるロボット応用／各種作業とロボット／ロボットを取り巻く法律等，〔第8編：ロボット応用システム〕製造業以外の分野へのロボット応用／医療用ロボット／福祉ロボット／特殊環境・特殊作業への応用／研究・教育への応用，〔資料〕

本書の特長

1990年版発行から十余年のロボット関連の研究・開発・応用の進展に対応するため，350ページ増を含めて全面改訂／ヒューマノイドロボット，マイクロ・ナノロボット，医療・福祉ロボットなど新しいテーマについて解説を収録／ロボット応用（製造業）では経営システム工学の専門家の協力を得て生産管理の面から応用まで体系的に解説／各編の内容を10ページに要約して紹介し，ハンドブック全体の内容を短時間に把握可能として使いやすさを実現／ハンドブックを起点に発展的に活用できるよう参考文献を充実／CD-ROMに本文で紹介の写真・図や関連の動画とともに，詳細目次・索引，1500語の英日対応用語集などを収録し，多岐に利用できるようにした。

定価は本体価格＋税です。
定価は変更されることがありますのでご了承下さい。

‖‖‖‖‖‖‖‖‖‖‖‖‖‖‖‖‖‖‖‖‖‖‖‖‖‖‖‖‖‖‖‖‖‖ 図書目録進呈◆

ロボティクスシリーズ

（各巻A5判，欠番は品切です）

■編集委員長　有本　卓
■幹　　事　川村貞夫
■編集委員　石井　明・手嶋教之・渡部　透

配本順		頁	本体
1.（5回）	ロボティクス概論　　　　　　　　有本　　卓編著	176	2300円
2.（13回）	電気電子回路 —アナログ・ディジタル回路—　杉田／山中／小／西　進彦克聡共著	192	2400円
3.（17回）	メカトロニクス計測の基礎（改訂版） —新SI対応—　石木金／井股子　明章透雅共著	160	2200円
4.（6回）	信　号　処　理　論　　　　　　　牧川方昭著	142	1900円
5.（11回）	応用センサ工学　　　　　　　　　川村貞夫編著	150	2000円
6.（4回）	知　能　科　学 —ロボットの"知"と"巧みさ"—　有本　　卓著	200	2500円
7.	モデリングと制御　　平坪秋／井内下　慎孝貞一司夫共著		
8.（14回）	ロボット機構学　　　永土／井橋　清規宏共著	140	1900円
9.	ロボット制御システム　玄　相昊編著		
10.（15回）	ロボットと解析力学　有田／本原　卓健二共著	204	2700円
11.（1回）	オートメーション工学　渡　部　透著	184	2300円
12.（9回）	基　礎　福　祉　工　学　手米相糟／嶋本川良谷　教孝二佐之清訓朗紀共著	176	2300円
13.（3回）	制御用アクチュエータの基礎　川野田早松／村方所川浦　貞恭貞夫誠論弘裕共著	144	1900円
15.（7回）	マシンビジョン　　　石斉／井藤　明彦共著	160	2000円
16.（10回）	感　覚　生　理　工　学　飯田健夫著	158	2400円
17.（8回）	運動のバイオメカニクス —運動メカニズムのハードウェアとソフトウェア—　牧吉／川田　方正昭樹共著	206	2700円
18.（16回）	身体運動とロボティクス　川村貞夫編著	144	2200円

定価は本体価格+税です。
定価は変更されることがありますのでご了承下さい。

図書目録進呈◆